sam sam sam

쌤쌤쌤 쿡북

김훈, 이민직 지음

COOK BOOK by

sam sam sam

초판 1쇄 인쇄   2024년 07월 15일
초판 1쇄 발행   2024년 07월 30일

지은이 김훈, 이민직 | **펴낸이** 박윤선 | **발행처** (주)더테이블

기획·편집 박윤선 | **교정·교열** 김영란 | **디자인** 장지윤 | **사진** 박성영
영업·마케팅 김남권, 조용훈, 문성빈 | **경영지원** 김효선, 이정민

주소 경기도 부천시 조마루로385번길 122 삼보테크노타워 2002호
홈페이지 www.icoxpublish.com | **쇼핑몰** www.baek2.kr (백두도서쇼핑몰) | **인스타그램** @thetable_book
이메일 thetable_book@naver.com | **전화** 032) 674-5685 | **팩스** 032) 676-5685
등록 2022년 8월 4일 제 386-2022-000050 호 | ISBN 979-11-92855-05-9 (13590)

* 이 책에서 사용하는 외래어는 국립국어원이 정한 외래어표기법에 따르나,
일부 단어는 일상 생활에서 쓰는 발음에 가까운 단어 혹은 제품 검색 시 쉽게 찾을 수 있는 단어로 표기했습니다.

COOK BOOK by

sam
sam
sam

CONTENS

Before Cooking

SALAD

SOUP

CONTENS

PASTA

CONTENS

RISOTTO

PLATE AND DESSERT

sam sam sam
story

'SAM SAM SAM(쌤쌤쌤)'은 저에게 찾아온 두 번째 기회였습니다. 2021년 처음으로 운영했던 태국 음식점 '쌉(SAAP)'을 코로나19의 직격탄으로 문을 닫게 되면서 고심 끝에 만들어낸 브랜드가 바로 지금의 쌤쌤쌤입니다. 태국 음식점을 운영해보니 너무 도전적인 메뉴보다는 누구나 쉽게 접하고 먹을 수 있는 접근성이 좋은 메뉴를 하는 것이 좋겠다는 생각이 들었습니다. 그래서 고른 아이템이 바로 파스타였습니다. 하지만 이미 너무나도 많은 파스타 가게가 있었고, 다른 가게들과의 차별을 두기 위해 알아보던 중 와인이 눈에 들어왔습니다.

이미 와인을 주력으로 고급스러운 인테리어의 와인 바가 성수, 한남, 서촌, 압구정 등 많은 곳에 생겨나기 시작했을 때라 이 트렌드와 반대로 가겠다는 전략을 세웠습니다. 최소 와인 한 병을 주문해야 하는 시스템, 다소 부담스러울 수 있는 고가의 메뉴들을 판매하는 가게와 반대로 가정식을 파는 노천 레스토랑이라는 콘셉트로 집에서 만든 것을 퍼주는 듯한 편안한 느낌의 메뉴들로 구성했고 와인을 잔으로 판매하는 매장을 생각했습니다.

가게의 메뉴와 콘셉트를 어느 정도 잡은 뒤 용리단길에 위치하던 찻집에 쌤쌤쌤의 첫 발을 디뎠습니다. 가게 계약 후 본격적으로 인테리어를 시작했는데 찻집의 목재 바 테이블이 마음에 들어 그대로 사용하기로 했고, 여기에 맞춰 따뜻한 우드톤의 인테리어를 생각했습니다.

욕심을 부려 꼭 하고 싶었던 인테리어도 있

었는데, 바로 쌤쌤쌤의 명당 자리인 테라스 야외석이었습니다. 4년간 해외에서 근무하며, 또 세계를 돌아다니며 많은 레스토랑을 가봤는데 어느 곳이든 항상 인기가 많은 좌석에 앉기 위해 몇 시간씩 기다렸던 기억이 있었기 때문입니다. 무엇을 먹느냐도 중요하지만, 어떤 자리에 앉아 먹는지도 정말 중요한 요소라고 생각했습니다. 테라스를 내며 바닷가를 마주한 항구 도시의 분위기를 연출했는데 이탈리아 남부를 배경으로 한 영화를 많이 보면서 참고하기도 했습니다. 특히 '콜 미 바이 유어 네임(Call Me

by Your Name)' 속 한 장면을 보며 아늑하고 포근한 느낌의 영감을 받아 'Sam said, enjoy here, think later(쌤은 말했지. 일단 여길 즐겨, 생각은 나중에 하라고.).'이라는 슬로건도 정했습니다. 이렇게 삼각지의 삼을 세 번 영어로 옮긴 'SAM SAM SAM'이 탄생하게 됩니다.

25살까지 자취 요리를 제외하고는 생각도 못 해본 요리의 길이었지만, 당시 준비하던 회계사 시험에 실패를 경험하고 떠난 여행길에서 새로운 꿈을 찾았습니다. 요리를 전공으로 학교를 나오거나 학원에 다니지 않았지만, 충분히 꿈을 이루어낼 것이라는 단단한 마음과 노력이 연 매출 100억을 돌파한 지금의 쌤쌤쌤이 있을 수 있었던 원동력이라 생각합니다. 또한 한 가게의 성공에 안주하지 않고 '테디뵈르하우스', '남도돼지촌' 오픈을 통해 대표로서의 입지도 당당히 인정받았다고 생각합니다.

이 책은 용리단길의 핫플레이스이자 맛집으로 인정받기까지 수많은 시행착오를 통해 만든 특별한 레시피를 가득 담았습니다. 책을 통해 많은 분들이 좋은 영감을 얻고 우리의 음식을 즐기셨으면 좋겠습니다. 파스타를 메인으로 샐러드, 수프, 리조또, 스테이크와 디저트 등 실제 쌤쌤쌤에서 판매하고 있는 인기 레시피를 모두 담았으니 부족함 없이 풍족하게 즐길 수 있을 것입니다.

쌤쌤쌤 대표. **김훈**

쌤쌤쌤 셰프. **이민직**

안녕하세요! 쌤쌤쌤의 주방을 책임지고 있는 요리사이자, 김훈 대표님과 함께 이 책을 작업한 이민직입니다.

많은 분들에게 사랑받고 있는 쌤쌤쌤의 따뜻한 한 끼가 독자 여러분들에게 좀 더 편하게 다가갈 수 있도록 초보자의 입장에서 쉽게 이해하실 수 있게 작업했습니다. 요리를 하기 전, 레시피를 숙지한 후 설명을 따라 차근차근 작업한다면 집에서도 맛있는 쌤쌤쌤의 요리를 즐기실 수 있을 것입니다. (많이 만들어주세요!)

저의 요리 철학은 '간단하지만 맛있게!'입니다. 신선한 재료와 간단한 조리법으로도 충분히 맛있는 음식을 만들 수 있다는 것을 보여드리고 싶었습니다. 그래서 저의 레시피는 따라하기 쉽고, 시간이 많이 걸리지 않으며, 쉽게 구할 수 있는 재료로 구성되어 있습니다.

요리는 누구나 즐길 수 있어야 한다고 생각합니다. 그래서 저는 복잡한 기술보다는 간단하고 쉽게 접근할 수 있는 요리법을 연구하고, 이를 통해 많은 사람들이 요리를 더 즐겁고 편하게 느낄 수 있도록 레시피를 개

발하고 있습니다. 앞으로도 더 많은 사람들이 요리를 쉽게 즐길 수 있도록, 간단하고 맛있는 요리법을 계속해서 연구하고 공유하고 싶습니다.

소금

소금은 파스타 면에 간을 해주는 역할 외에도 중요한 역할이 한 가지 더 있습니다. 바로 물의 온도를 높여주는 것인데요, 물에 소금을 넣고 100℃ 이상의 온도에서 파스타 면을 넣고 끓여주면 면이 가라앉지 않아 바닥에 들러붙지 않고 뭉치지도 않습니다.

또한 염분의 농도가 높아질수록 면의 수분 흡수율이 낮아지면서 좀 더 쫄깃하고 탄력 있게 완성할 수 있습니다.

올리브오일

파스타 면을 삶을 때 올리브오일을 소량 넣어주면 전분기가 있는 면들이 삶는 동안 들러붙지 않습니다. 하지만 소량의 올리브오일로는 면끼리 붙는 것을 방지하기 어렵기 때문에 삶고 난 후 면에 올리브오일을 뿌려주는 것을 더 추천합니다.

면 삶기

면은 삶은 정도에 따라 크게 세 가지로 분류할 수 있습니다. 익힘의 정도는 개인의 취향에 따라 선택하며, 조리하기 전 제품의 포장지에 표기된 조리 사항을 확인합니다.

아체르보(Acerbo) - 면의 심지가 거의 다 남아 있고, 설익은 상태

알 덴테(Al dente) - 면의 심지가 절반 정도 남아 있고, 씹었을 때 약간의 단단함이 느껴지는 상태

벤 코토(Ben cotto) - 면의 심지가 남아 있지 않고, 충분히 익은 상태

면수

면수는 파스타를 준비하는 가장 첫 번째 과정이라고 할 수 있습니다. 앞서 설명한 것처럼 면에 적절한 짠맛을 부여하고 삶을 때 면끼리 들러붙지 않도록 하며 면의 식감에도 영향을 주는데요. 보통 소금, 물, 파스타를 1:10:100으로 사용하는 것을 추천합니다. 물의 양은 넉넉하게 잡는 것이 좋은데요, 물의 양이 부족하면 면의 전분 성분으로 인해 면끼리 들러붙을 수 있기 때문입니다.

면수 보관: 파스타 면을 삶은 물은 다 버리지 않고 일부 남겨둡니다. 이 면수에는 파스타 면의 전분 성분이 포함되어 있어, 추후 소스를 더하는 과정에서 면에 소스가 잘 배어들게 합니다.

면수	에멀전	유화

파스타 에멀전의 원리

'파스타 에멀전(유화)'은 파스타 면과 소스가 잘 섞이게 하는 작업을 말하는데, 이탈리아 요리에서 특히 중요한 과정이며 요리의 맛과 질감을 향상시키는 데 중요한 역할을 합니다.

소스와의 결합: 삶은 파스타 면을 팬에 넣고 남겨둔 면수를 조금씩 넣어가며 소스와 함께 조리합니다.

파스타 에멀전의 중요성

파스타 에멀전은 단순히 소스를 걸쭉하게 만드는 것 이상의 역할을 합니다. 파스타 요리에서 유화 과정을 통해 소스와 면이 잘 섞여 일관된 맛을 제공하며, 질감도 부드러워져 요리의 완성도를 높입니다. 또한, 파스타 면에 소스가 잘 붙도록 하여 먹을 때 더욱 맛있는 경험을 제공합니다.

이처럼 파스타 에멀전은 맛과 질감을 최적화하기 위한 중요한 기술이며, 이를 잘 활용하면 보다 완벽한 파스타 요리를 만들 수 있습니다.

쌤쌤쌤에서 사용하고 있는 제품들

페투치네

페투치네는 우리나라의 칼국수 면과 유사한 형태의 파스타이며, 까르보나라와 같은 크림 소스와 잘 어울립니다.

＊이 책에서는 '잠봉뵈르 파스타'에 사용했습니다.

펜네

펜네는 튜브 형태의 파스타로 가운데 공간에 소스를 가득 품을 수 있는 것이 특징입니다.

＊이 책에서는 '치킨 커리 펜네 파스타'에 사용했습니다.

파파르델레

파파르델레는 넓고 네모난 평면 모양의 파스타로, '리본 파스타'라고도 불립니다.

＊이 책에서는 '버섯 파스타'에 사용했습니다.

시판 파스타 & 삶은 파스타 보관법
건조 상태의 파스타 : 건조된 상태의 파스타는 밀폐해 서늘하고 건조한 곳에 보관하면 오랫동안 신선하게 유지하며 사용할 수 있습니다.
삶은 파스타 : 삶고 남은 파스타는 밀폐 용기에 담아 냉장 보관해 사용할 수 있으며, 2~3일 이내로 소비하는 것을 추천합니다.

세몰리나

독특한 황금색과 단단한 질감이 특징인 세몰리나(Semolina)는 듀럼밀(Durum wheat)로부터 만들어지는 고운 밀가루의 한 종류입니다. 이탈리아에서 주로 파스타를 만드는 데 사용되며, 그 외에도 다양한 빵과 디저트를 만드는 데에도 사용됩니다.

＊이 책에서는 '고르곤졸라 생면 파스타'에 사용했습니다.

세몰리나 보관법
세몰리나는 밀폐 용기에 담아 서늘하고 건조한 곳에 보관해 사용합니다. 습기에 약하므로 보관 시 주의합니다.

멸치 액젓

멸치 액젓은 멸치와 소금을 발효시켜 만든 소스로, 감칠맛을 더하고 싶은 요리에 적절하게 사용하면 더욱 더 풍부한 맛을 연출할 수 있습니다.

＊이 책에서는 '라자냐'에 사용했습니다.

가람 마살라

가람 마살라는 '따뜻한 향신료 혼합물'이라는 뜻을 가진 인도의 대표적인 향신료 혼합물로 주로 따뜻한 향을 지닌 향신료들이 사용됩니다. 주로 카레, 스튜, 볶음 요리 등 인도 요리뿐만 아니라 다양한 요리에 깊은 풍미를 더해줍니다.

＊이 책에서는 '치킨 커리 펜네 파스타'에 사용했습니다.

봉골레 파우더

봉골레 파우더는 바지락이나 조개류를 건조시켜 만든 파우더로, 봉골레 파스타 등의 해산물 요리에 깊은 감칠맛을 더하기 위해 사용하는 향신료 혼합물입니다.

＊이 책에서는 '먹물 리조또'에 사용했습니다.

대추야자

대추야자는 중동 지역에서 특히 많이 소비되는 과일로, 달콤하고 풍부한 맛이 특징입니다. 대추야자는 자연 그대로의 당분과 다양한 영양소를 함유하고 있어 간식으로 또는 요리의 재료로 활용하기 좋습니다. 자연 그대로의 달콤한 맛을 즐길 수 있어 매우 유용한 식재료입니다.

＊이 책에서는 '밤 고구마 수프'에 사용했습니다.

타마린드

타마린드는 아시아, 아프리카, 남미 등지에서 널리 사용되는 재료입니다. 타마린드는 독특한 신맛과 단맛이 어우러진 풍미를 가지고 있어 다양한 요리와 음료에 활용되며, 특히 인도 요리와 태국 요리에서 많이 사용됩니다.

＊이 책에서는 '새우 오일 파스타', '먹물 리조또'에 사용했습니다.

큐어링 솔트

큐어링 솔트는 고기와 생선의 보존성을 늘리고 풍미를 더하기 위해 사용되는 소금 혼합물로, 풍미를 극대화하는 데에도 중요한 역할을 합니다.

＊이 책에서는 '잠봉뵈르 파스타', '스페어 립'에 사용했습니다.

시오콘부

시오콘부(塩昆布)는 일본 요리에서 많이 사용되는 재료로, 간장과 설탕으로 간을 한 다시마(콘부)를 말린 것입니다. 풍부한 감칠맛과 짭짤한 맛으로 다양한 요리에 활용할 수 있는 만능 재료입니다.

＊이 책에서는 '잠봉뵈르 파스타', '바질 토마토 리조또', '먹물 리조또', '스테이크'에 사용했습니다.

피시 소스

피시 소스는 주로 동남아시아와 일부 중국 요리에서 사용되는 감칠맛을 내는 조미료입니다. 주원료로는 발효된 정어리나 새우가 사용되며, 소금을 첨가하여 발효 과정을 거쳐 만들어집니다. 이 과정에서 생기는 발효된 맛과 강렬한 향이 매우 인상적인 소스입니다.

＊이 책에서는 '새우 오일 파스타', '잠봉뵈르 파스타', '먹물 리조또'에 사용했습니다.

셰리 와인 비네거

셰리 와인 비네거는 셰리 와인 특유의 복잡하고 미묘한 맛과 향을 가진 발효 식초입니다. 주로 샐러드 드레싱, 마리네이드, 소스 등 다양한 요리 또는 요리의 마무리에 사용되며 요리에 고급스러운 풍미를 더해줍니다.

＊이 책에서는 '치킨 커리 펜네 파스타', '잠봉뵈르 파스타', '크리스마스 트리 파스타', '바질 토마토 리조또'에 사용했습니다.

카이엔 페퍼 파우더

카이엔 페퍼는 남미가 원산지인 매운 고춧가루로, 매운 맛을 내는 요리에 사용됩니다.

＊이 책에서는 '칠리 콘 카르네', '치킨 커리 펜네 파스타', '바질 리코타 냉 파스타', '먹물 리조또', '잠발라야 리조또'에 사용했습니다.

치포틀레 페퍼

치포틀레 페퍼는 스모크한 맛과 향이 특징으로, 멕시코 요리에서 매우 인기 있는 재료입니다.

＊이 책에서는 '라쟈냐', '스페어 립'에 사용했습니다.

새우 소금

새우 소금은 주로 베트남 요리에서 사용되는 특별한 양념 소금입니다. 새우의 진한 맛과 소금의 감칠맛이 결합하여 요리에 깊이 있는 맛을 더해주어 해산물이나 채소 요리에 특히 잘 어울리며, 볶음 요리나 찌개 등에도 사용됩니다.

＊이 책에서는 '새우 오일 파스타'에 사용했습니다.

새우 페이스트

새우 페이스트는 새우나 갑각류를 햇빛에 말리거나 건조해 수분을 제거한 후 특정 온도와 습도에서 추가적인 발효 과정을 거쳐 만든 것으로 주로 동남아시아의 요리에서 사용됩니다. 매우 진한 맛과 특유의 향이 나는 것이 특징으로 다양한 요리의 맛을 강화하는 데 사용됩니다.

＊이 책에서는 '새우 오일 파스타'에 사용했습니다.

건 포르치니 버섯

건 포르치니 버섯은 포르치니 버섯을 건조한 것으로 건조를 통해 맛과 향이 농축되어 있는 것이 특징입니다.

＊이 책에서는 '버섯 파스타'에 사용했습니다.

투스카니 토마토홀

투스카니 지역에서 생산된 홀토마토(Tuscan whole tomatoes) 토마토로, 그 자체만으로도 맛있는 토마토의 풍미를 즐길 수 있는 제품입니다. 파스타, 피자, 수프, 리조또 등 다양한 요리의 베이스로 활용됩니다.

＊이 책에서는 '토마토 수프', '칠리 콘 카르네', '라자냐', '크리스마스 트리 파스타', '바질 토마토 리조또'에 사용했습니다.

---

* 이 책의 레시피 페이지에서 사용하는 단위는 아래와 같습니다.
1T(테이블스푼) = 1큰술, 15ml, 약 15g
1t(티스푼) = 1작은술, 5ml, 약 5g

SALAD
SALAD
SALAD

SEASONAL SALAD

계절 샐러드

가장 맛있고 신선한 지금의 제철 과일로 만드는 계절 샐러드예요.
직접 만든 리코타 치즈와 오도독 달콤하게 씹히는 호두 정과가 포인트예요.

재료 1인 분량

리코타 치즈*

우유	500g
생크림	250g
레몬즙	30g

호두 정과*

호두	200g
물	150g
설탕	80g
식용유	적당량

발사믹 드레싱

발사믹 글레이즈	20g
올리브오일	5g

기타

방울토마토	6개
그린 올리브	4개
보코치니 치즈	6알
아이순(어린잎 채소)	50g
와일드 루꼴라	80g
소금	한 꼬집
후추	약간
딸기(제철 과일)	4개
호두 정과*	10개
리코타 치즈*	100g
그라나파다노 치즈	적당량
피스타치오 분태	적당량
올리브오일	적당량

리코타 치즈

만들기

1. 냄비에 우유, 생크림을 넣고 끓인다.

2. 88℃가 되면 레몬즙을 넣고 약불로 5분간 더 끓인다.

3. 면포에 붓는다.

4. 면포를 모아 꼭 짜 유청을 분리한다.

5. 최소 3시간 냉장 보관한 후 사용한다.

호두 정과

만들기

1. 끓는 물(분량 외)에 호두를 넣고 10분간 바글바글 끓인 후 체에 걸러 수분을 제거한다.

2. 냄비에 물과 설탕을 넣고 중약불로 가열해 시럽을 만든다.

3. 준비한 호두를 넣고 사이사이에 시럽이 골고루 배어들게 볶는다.

4. 180℃로 예열된 식용유에 볶은 호두를 넣고 황금빛이 날 때까지 튀긴 후 식힌다.

마무리

1. 볼에 반으로 자른 방울토마토, 그린 올리브, 한입 크기로 자른 보코치니 치즈, 아이순, 와일드 루꼴라, 소금과 후추를 넣고 가볍게 섞은 후 접시에 옮겨 담는다.
2. 반으로 자른 딸기를 담는다.
3. 발사믹 드레싱 전량을 뿌린다.
4. 호두 정과와 한입 크기로 자른 리코타 치즈를 올린 후 그라나파다노 치즈를 갈아 뿌린다.
5. 피스타치오 분태를 올리고 올리브오일을 부려 마무리한다.

SAM Said···

 발사믹 드레싱 만들기

발사믹 글레이즈와
올리브오일을 섞어 사용해요.

"여름에는 망고나 블루베리로,
겨울에는 딸기나 감을 사용해
시즌 메뉴로 활용하기에 좋아요."

CAESAR SALAD

시저 샐러드

샌프란시스코 항구에 있는 오이스터 바에서 맛있게 먹었던 시저 샐러드를 한국식으로 재해석해본 메뉴예요. 부드럽고 촉촉한 수비드 닭가슴살과 신선한 로메인 상추, 그리고 바삭한 크루통으로 다양한 식감을 느낄 수 있어요.

재료 1인 분량

수비드 닭가슴살

닭가슴살	한 덩어리
소금	한 꼬집
후추	약간
올리브오일	적당량

* 수비드 기계가 없다면 시판 닭가슴살을 오븐이나 팬에 익혀 사용합니다.

크루통*

버터	1T
올리브오일	1/2T
식빵	1장
다진 마늘	1t

시저 드레싱

마늘	10g
달걀	1개
엔초비	10g
올리브오일	300g
디종 머스터드	15g
발사믹 식초	20g
그라나파다노 치즈	2T
소금	5g
후추	약간

기타

흰깨와 검정깨	적당량
로메인 상추	적당량
크루통*	전량
페코리노 치즈	적당량

수비드 닭가슴살

만들기

1. 닭가슴살 앞뒤로 소금, 후추로 약간의 밑간을 한 후 올리브오일을 뿌린다.

tip 한 접시당 닭가슴살 한 덩어리를 사용한다.

2. 진공 팩에 넣고 수비드 기계에서 58℃의 물로 3시간 동안 익힌다.

3. 올리브오일을 두른 팬에 익힌 닭가슴살을 넣고 굽는다.

4. 닭가슴살 겉면이 노릇하게 익을 때까지 굽는다.

tip 수비드로 익힌 상태이므로 너무 오래 굽지 않는다.

5. 한입 크기로 잘라 준비한다.

크루통

만들기

1. 팬에 버터, 올리브오일을 넣고 달군다.

2. 버터가 녹으면 사방 1.5cm 크기로 자른 식빵을 넣고 중약 불로 황금빛이 나도록 볶는다.

3. 불을 끄고 다진 마늘을 넣어 볶는다.

SALAD

시저 드레싱

만들기

1. 마늘, 달걀, 엔초비, 올리브 오일을 깊은 용기에 넣고 핸 드믹서를 이용해 곱게 간다.
2. ①에 나머지 재료들을 넣고 고르게 섞어 마무리한다.

마무리

1. 달궈진 팬에 흰깨와 검정깨를 넣고 가볍게 볶는다.
2. 로메인 상추를 잘게 채 썬다.
3. 볼에 로메인 상추와 시저 드레싱을 담고 골고루 섞는다.

   tip 시저 드레싱은 로메인 상추에 충분히 고르게 묻혀질 정도로 사용한다.

4. 접시에 로메인 상추 – 크루통 – 닭가슴살 순서로 올린다.
5. 페코리노 치즈를 갈아 뿌려 마무리한다.

   tip 취향에 따라 허브를 올려도 좋다.

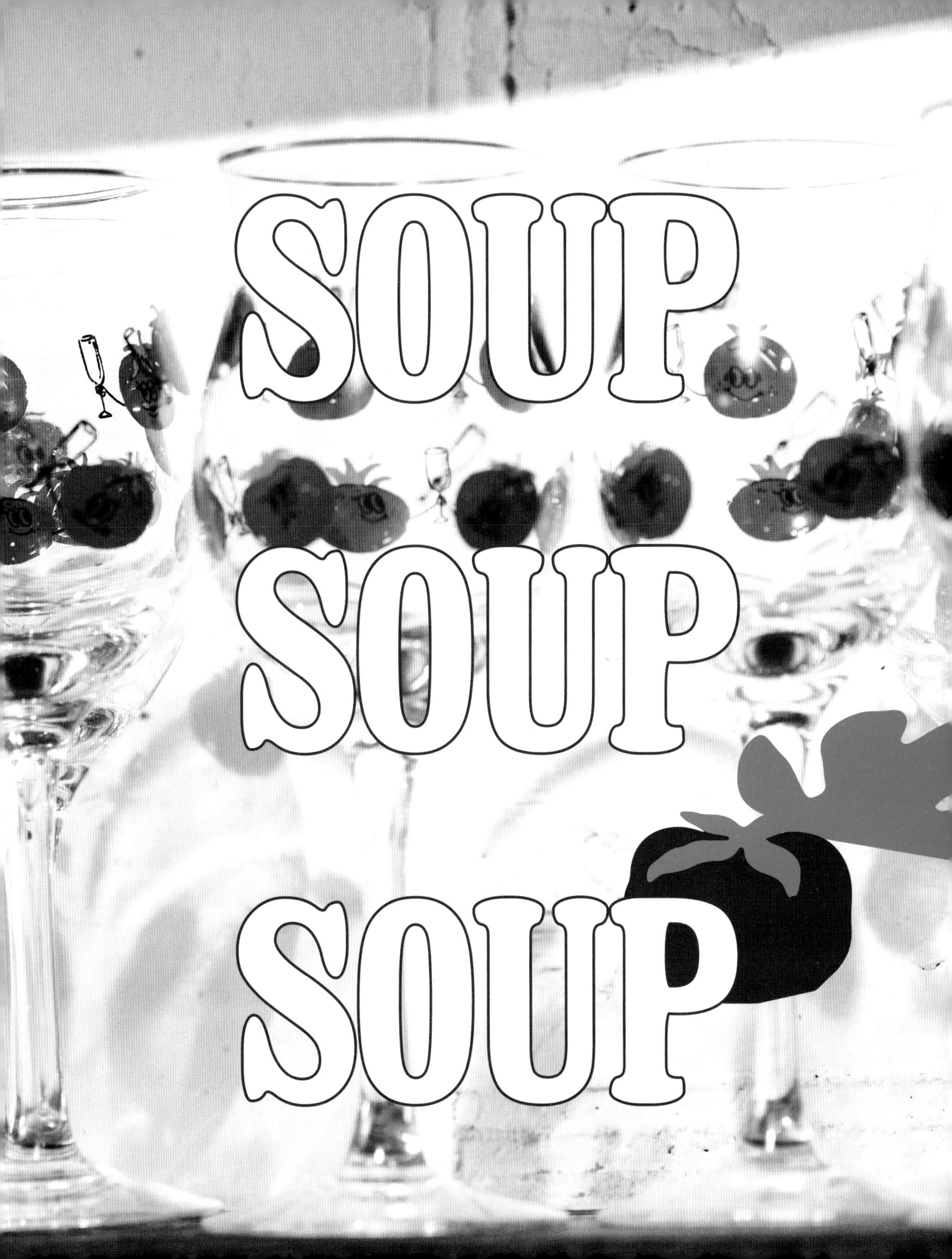

SOUP SOUP SOUP

TOMATO SOUP

토마토 수프

프랑스에서 맛본 토마토 수프를 떠올리며 개발한 메뉴예요.
가벼운 토마토 수프가 아닌, 생크림을 추가해 부드럽게 완성해보았어요.

재료 2인 분량

토마토 수프

버터	50g
올리브오일	50g
양파	200g
토마토(완숙)	400g
마늘	5알
바질 가루	2g
월계수 잎	1장
토마토홀(통조림)	600g
닭육수(42p)	300g
생크림	100g
버터	50g
샐러리	1/2대

기타

생크림	적당량
슬라이스한 파르메산 치즈	16개
핑크 페퍼	적당량
후추	적당량
올리브오일	적당량

토마토 수프

만들기

1. 냄비에 버터, 올리브오일을 넣고 중간불로 버터를 녹인다.

2. 슬라이스한 양파를 넣고 색이 투명해질 때까지 볶는다.

3. 슬라이스한 토마토를 넣고 뭉개질 정도로 부드러워질 때까지 볶는다.

4. 다진 마늘, 토마토홀, 바질가루, 월계수 잎, 닭육수를 넣고 으깨질 정도로 끓인다.

5. 불에서 내려 블렌더로 곱게 간다.

6. 생크림, 버터를 넣고 끓인다.

7. 작게 깍둑 썬 샐러리를 넣고 약불로 1시간 동안 끓여 마무리한다.

마무리

1. 수프 볼에 토마토 수프를 담는다.

2. 생크림을 소스통에 담아 수프 위에 모양 내어 뿌린다.

3. 얇게 슬라이스한 파르메산 치즈 6~8개, 핑크페퍼, 후추를 올리고 올리브오일을 뿌려 마무리한다.

tip 바질 잎 등의 허브를 올려도 좋다.

닭육수

닭육수는 다양한 요리에 기본이 되는 맛있는 육수예요! 닭육수는 다양한 수프, 스튜, 파스타, 리조또 등의 요리에 기본 육수로 사용되는데요, 기본적인 닭육수 만드는 방법을 알려드릴게요.

재료

올리브오일	적당량
닭뼈	500g
물	약 4~5L
양파	1개
당근	1~2개
샐러리	3줄기
마늘	3알
파슬리(줄기째)	한 줌
타임	적당량
월계수잎	2장
통후추	약간
소금	15g

만들기

① 큰 냄비에 올리브오일을 두른 후 깨끗하게 씻어 핏기를 제거한 닭뼈, 반으로 자른 양파, 큼직하게 썬 당근과 샐러리, 슬라이스한 마늘을 넣고 색이 나게 볶아줍니다.

② 파슬리, 타임, 월계수 잎, 통후추를 넣고 냄비에 물을 부어 모든 재료가 잠기도록 합니다.

③ 중간 불에 올리고 끓기 시작하면 불을 약하게 줄입니다. 이때 거품이 올라오면 걷어냅니다.

④ 약한 불에서 1시간 반 ~ 2시간 정도 끓입니다. 이때 뚜껑을 반쯤 덮어 수증기가 빠져나갈 수 있도록 합니다. (육수가 너무 졸아들면 물을 조금씩 추가합니다.)

⑤ 불을 끄고 조금 식힌 다음, 체에 걸러 육수만 사용합니다.

⑥ 소금 15g 정도를 넣어 간을 맞춥니다. (소금의 양은 취향에 맞춰 가감합니다.)

* 완성된 닭육수는 냉장고에서 최대 3~4일, 냉동실에서 최대 3개월까지 보관하며 사용할 수 있습니다.

* 닭육수 대신 시판 치킨스톡을 사용할 수도 있습니다. 이 경우 보통 물과 치킨스톡을 100:1 비율로 섞어 사용하는데 파우더형, 액상형 등 시중 다양한 제품이 있으므로 사용법을 참고해 조리하는 것이 좋습니다.

CLAM CHOWDER

🍅

클램 차우더

샌프란시스코에 가면 꼭 맛봐야 하는 대표 메뉴인
클램 차우더는 조개류를 수프처럼 끓여낸 요리예요. 보통 감자를 넣고 익혀 만들지만
쌤쌤쌤만의 스타일로 감자튀김과 향긋한 허브를 올려 완성해보았어요.

재료 2인 분량

루*

버터와 박력분	1:1 비율

기타

감자튀김	200g
허브	적당량
시금치 오일(111p)	적당량
그라나파다노 치즈	적당량

클램 차우더

올리브오일	적당량
마늘	3알
바지락	200g
홍합	200g
화이트와인	30g
물	600g
베이컨	50g
양파	200g
당근	100g
샐러리	100g
우유	200g
생크림	100g
넛맥 가루	2g
소금	1/2t
타임	4개
루*	10g
후추	약간

루

만들기

1. 팬에 버터를 넣고 녹인다.

2. 버터가 녹으면 박력분을 넣고 주걱으로 저어가며 고르게 섞는다.

3. 주걱으로 갈랐을 때 바닥이 선명하게 보이는 정도의 농도가 되면 마무리한다.

클램 차우더

만들기

1. 냄비에 올리브오일, 슬라이스한 마늘을 넣고 볶다가 마늘이 색이 나기 전에 바지락, 홍합, 화이트와인을 넣고 플람베한다.

2. 물을 넣고 끓이면서 중간중간 부유물을 제거한다.

3. 마늘과 입을 벌린 바지락, 홍합을 건진다.

> **tip** 건져낸 바지락과 홍합은 껍질과 살을 분리해 둔다.

4. 다른 냄비에 올리브오일을 두르고 잘게 깍둑썬 베이컨, 양파, 당근, 샐러리를 넣고 양파가 투명해지고 야채의 숨이 죽을 때까지 볶는다.

5. ③에서 만든 육수와 우유, 생크림, 넛맥 가루, 소금, 타임을 넣고 끓인다.

6. 끓어오르면 약불로 낮추고 20분간 더 끓인다.

7. 루를 넣어 농도를 맞춘다.

> **tip** 루의 양은 원하는 농도 (걸쭉한 정도)에 따라 조절해 사용한다.

8. 후추를 뿌려 마무리한다.

육수

마무리

1. 미리 발라둔 바지락과 홍합을 접시에 담는다.

2. 클램 차우더를 담는다.

3. 감자튀김 100g을 올린다.

tip 냉동 감자를 180℃로 예열한 식용유에 익혀 사용한다.

4. 허브를 올리고 시금치 오일을 뿌린다.

tip 원하는 종류의 허브를 사용한다.

5. 그라나파다노 치즈를 갈아 뿌려 마무리한다.

SAM Said…

플랑베
(Flambé)란?

프랑스 조리 용어로, 조리 중인 요리에 주류를 넣고 짧은 시간에 알코올을 날려 재료의 누린내나 비린내를 제거하는 작업을 말해요.

MARRON SWEET POTATO SOUP

밤 고구마 수프

겨울 시즌에 팝업 행사에 선보이기 위해 만들었던 메뉴예요.
달콤하고 부드러운 밤과 호박, 캐러멜라이즈한 양파로 만든 깊은 풍미의 어니언 소스,
바삭한 고구마 칩이 잘 어우러지는 수프랍니다.

재료 2인 분량

밤 고구마 수프

깐밤	80g
호박고구마	500g
올리브오일	50g
버터	50g
양파	100g
닭육수(42p)	400g
우유	300g
생크림	400g
대추야자	100g
소금	7g

어니언 소스*

양파	500g
버터	50g
닭육수(42p)	100g

기타

고구마 튀김	적당량
삶은 밤	8개
구운 래디시	2개
어니언 소스*	적당량
고구마 칩	적당량
올리브오일	적당량

밤 고구마 수프

만들기

1. 깐밤은 쿠킹호일에 싸 180℃로 예열된 오븐에서 약 40분 동안 익힌다.

2. 호박고구마는 쿠킹호일에 싸 180℃로 예열된 오븐에서 약 1시간 동안 익힌다.

3. 냄비에 올리브오일, 버터를 넣고 달군 후 슬라이스한 양파를 넣고 투명해질 때까지 볶는다.

4. ③을 냄비로 옮긴 후 ①과 ②, 닭육수, 우유, 생크림, 대추야자, 소금을 넣고 대추야자가 푹 익을 때까지 끓인다.

5. 블렌더로 곱게 간다.

6. 체에 걸러 마무리한다.

어니언 소스

만들기

1. 달궈진 팬에 얇게 채 썬 양파를 넣고 캐러멜 색이 될 때까지 볶는다. 이때 버터를 조금씩 나눠 넣으면서 볶는다.

2. 전체적으로 고르게 캐러멜 색이 되면 닭육수를 넣고 끓인다.

3. 끓어오르면 불에서 내려 블렌더로 곱게 갈아 마무리한다.

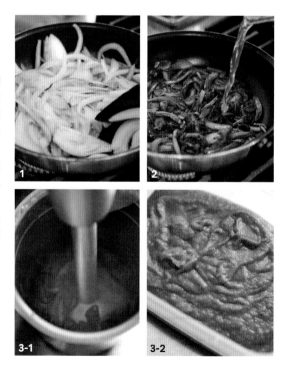

마무리

1. 접시에 밤 고구마 수프를 담는다.

2. 고구마 튀김, 삶은 밤 4개, 구운 래디시 1개를 올린다.

3. 어니언 소스를 소스통에 담고 수프 가장자리에 두세 바퀴 뿌린다.

4. 고구마 칩을 올리고 올리브 오일을 뿌려 마무리한다.

tip 허브로 장식해도 좋다.

SAM Said…

장식용 고구마 튀김, 고구마 칩, 래디시 만들기

① 호박고구마 1개는 깨끗이 씻은 후 알루미늄호일에 싸 200℃로 예열된 오븐에서 40분간 굽고, 한입 크기로 잘라 180℃로 예열된 식용유에 넣고 튀겨주세요.

② 호박고구마 1개는 채칼로 얇게 썰어 180℃로 예열된 식용유에 넣고 튀겨주세요.

③ 래디시는 4등분한 후 올리브오일을 두른 팬에 익혀주세요.

①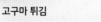
고구마 튀김

② 고구마 칩

③ 구운 래디시

"부드러운 수프 위에 고구마 칩
한 조각을 올려 한입에 드셔보세요.
맛과 식감의 조화가 일품이에요."

CHILI CORN CARN

칠리 콘 카르네

멕시코 요리로 알려진 칠리 콘 카르네는
사실 멕시코 요리에서 영향을 받아 미국 텍사스에서 만들어진 요리예요.
다진 소고기에 키드니 콩과 매운 맛을 내는 재료를 넣고 푹 끓여 스튜와 비슷해요.

재료 2인 분량

칠리 콘 카르네

안초 칠리	5개

*안초 칠리는 80℃ 정도의 따뜻한
물에 약 1시간 불린 후 블렌더로
갈아 사용합니다.

소 다짐육	1kg
올리브오일	적당량
양파	300g
마늘	50g
토마토홀(통조림)	800g
소금	1t
카이엔 페퍼 파우더	1t
파프리카 파우더	1T
큐민	1T
흑설탕	1T
버섯 육수(68p)	240g
키드니 콩(통조림)	400g

기타

나쵸칩	10개
사워크림	적당량
허브	적당량
올리브오일	적당량

칠리 콘 카르네

만들기

1. 달궈진 팬에 소 다짐육을 넣고 겉면이 노릇해질 때까지 볶는다.

2. 다른 팬에 올리브오일을 두르고 사방 2cm로 썰어놓은 양파, 다진 마늘을 넣고 노릇해질 때까지 볶는다.

3. 냄비에 ①, ②와 안초 칠리, 그리고 키드니 콩을 제외한 모든 재료를 넣고 끓어오르면 약불로 줄이고 뚜껑을 덮어 2시간 동안 더 끓인다.

4. 키드니 콩을 넣고 30분 정도 끓여 마무리한다.

마무리

1. 접시에 칠리 콘 카르네를 담는다.

2. 나초칩 5개, 사워크림, 허브를 올린다.

3. 올리브오일을 뿌려 마무리한다.

"나초칩을 숟가락처럼 사용해
카르네를 듬뿍 올려 드셔보세요."

PASTA PASTA PASTA

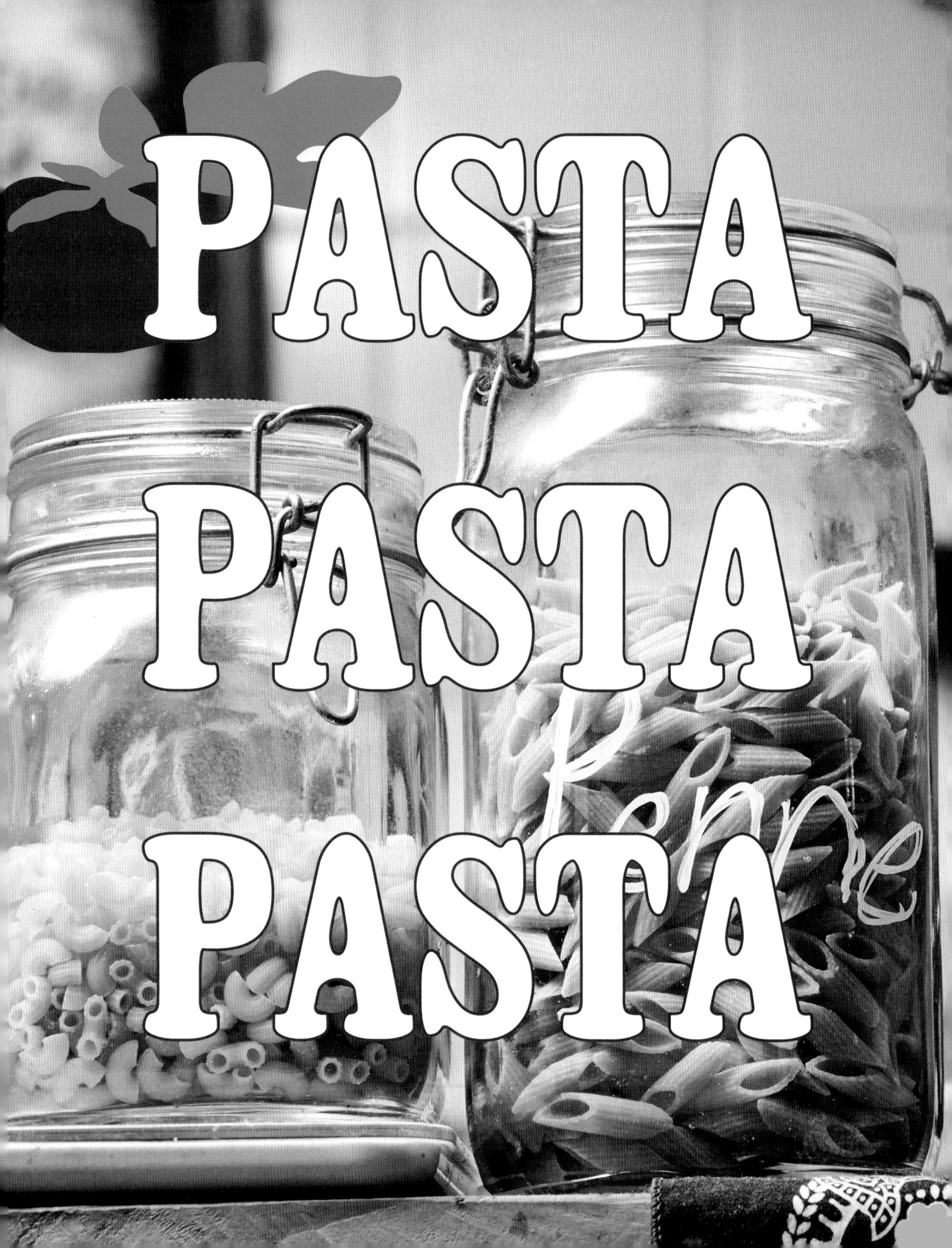

SHRIMP OIL PASTA

새우 오일 파스타

쌤쌤쌤을 오픈하기 전 '쌉(SAAP)'이라는 이라는 태국 요리 매장을 운영한 적이 있었어요.
덕분에 쌤쌤쌤의 메뉴에서도 태국의 감칠맛을 녹여낼 수 있었는데요,
그 대표적인 메뉴가 바로 새우 오일 파스타예요. 춘권피를 튀겨 식감에서 재미를 주었고 일반적인
비스큐 소스로 만든 파스타보다 좀 더 색다르게 완성해보았어요.

재료 1인 분량

새우 오일	28g 사용
딱새우 머리	1kg
대파	2대
마늘	500g
올리브오일	2kg
월계수 잎	5장
토마토 페이스트	300g

기타	
시금치	반줌
춘권피 튀김	150g
레몬	1/6개
그라나파다노 치즈	적당량
올리브오일	적당량

새우 육수	225g 사용
올리브오일	적당량
마늘	8알
양파	2개
당근	1개
샐러리	1대
새우 빠시	500g
토마토 페이스트	150g
새우 페이스트	10g
새우 소금	10g
소금	5g
화이트와인	적당량
피시 소스	40g
물	2L
통후추	10알

파스타	
올리브오일	적당량
블랙타이거 새우	1마리
흰다리 새우	6마리
방울토마토	6개
케이퍼	8알
샐러리	10g
화이트와인	적당량
태국식 고추장(122p)	1t
파파야 드레싱 (천사빨라 흰색 낭파)	1/2t
삶은 링귀니 면	170g
라임즙	1/2T
그라나파다노 치즈	1T

* 새우 오일과 새우 육수는 쌤쌤쌤에서 다양한 요리의 베이스가 되므로 대량으로 만들어두고 사용하고 있습니다. 많은 양이 필요하지 않은 경우라면 재료의 양을
1/2로 줄여도 좋습니다. 만들어둔 새우 오일은 냉장고에서 2주 이내로, 새우 육수는 냉동고에서 1달 이내로 사용할 수 있습니다.

새우 오일

만들기

1. 냄비에 딱새우 머리, 큼직하게 썬 대파와 마늘, 올리브오일(일부)을 넣고 가볍게 볶는다.
2. 남은 올리브오일, 월계수 잎을 넣고 끓인다.
3. 월계수 잎의 색이 진해지면 토마토 페이스트를 넣고 끓인다.
4. 끓어오르면 불에서 내려 블렌더로 곱게 간다.
5. 체에 걸러 새우 오일과 새우 빠시로 분리해 사용한다.

새우 빠시

새우 오일

새우 육수

만들기

1. 오리브오일을 두른 냄비에 팬에 채 썬 마늘, 양파, 당근, 샐러리를 넣고 양파가 투명해질 때까지 볶는다.
2. 새우 빠시, 토마토 페이스트, 새우 페이스트, 새우 소금, 소금을 넣고 야채 숨이 죽을 때까지 볶는다.
3. 화이트와인을 넣고 플람베한다.
4. 피시 소스, 물, 통후추를 넣고 끓인다.
5. 끓어오르면 약불로 줄이고 2시간 동안 끓여 육수만 분리해서 사용한다.

파스타

만들기

1. 올리브오일을 두른 팬에 블랙타이거 새우, 흰다리 새우, 방울토마토, 케이퍼, 다진 샐러리를 넣고 가볍게 볶는다.

2. 화이트와인을 넣고 플람베한다.

3. 태국식 고추장, 파파야 드레싱을 넣고 골고루 배어들 때까지 볶는다.

4. 새우 육수 225g, 삶은 링귀니 면, 새우 오일 28g, 라임즙을 넣고 면에 소스가 잘 배도록 에멜전한다.

5. 그라나파다노 치즈를 갈아 넣는다.

6. 큼직하게 자른 시금치를 넣고 가볍게 섞는다.

마무리

1. 팬에서 젓가락으로 면을 돌돌 말아 접시에 옮겨 담는다.

2. 시금치, 춘권피 튀김, 구운 새우, 레몬을 올린다.

> **tip** 춘권피는 사방 1.5cm 정도로 자른 후 180℃로 예열된 식용유에 노릇하게 튀겨 사용한다.

3. 그라나파다노 치즈를 갈아 올리고 올리브오일을 뿌려 마무리한다.

"레몬즙을 살짝 뿌려 드시면 더 맛있어요.
레몬의 겉면을 토치로 살짝 그을려 서빙하면
더 먹음직스러워 보여요."

MUSHROOM PASTA

버섯 파스타

여러 가지 버섯을 사용해 버섯 고유의 맛과 향을 최대치로 끌어올린 메뉴예요.
한국 품종과 유럽 품종의 버섯을 함께 사용해 이국적이면서도 친숙한 맛으로 표현했어요.

재료 1인 분량

버섯 육수	170g 사용
닭뼈	1kg
양파	1개
당근	1/2개
마늘	4알
토마토 페이스트	200g
양송이 버섯	200g
건 포르치니 버섯	20g
표고버섯	200g
표고버섯 가루	20g
닭육수(42p)	3kg

파스타	
올리브오일	적당량
양송이버섯	5개
표고버섯	2개
다진 마늘	1/2t
생크림	28g
삶은 파파르델레 면	150g
그라나파다노 치즈	10g
트러플 페이스트 (살사네라 머쉬룸 크림)	1t

기타	
튀긴 팽이버섯	60g
슬라이스한 양송이버섯	적당량
그라나파다노 치즈	적당량
올리브오일	적당량
후추	약간

버섯 육수

만들기

1. 넓은 팬에 닭뼈, 큼직하게 썬 양파와 당근, 마늘을 펼친다.

> **tip** 닭뼈는 찬물에 깨끗이 씻어 핏기를 제거한 후 사용한다.

2. 토마토 페이스트를 골고루 발라준다.

3. 180℃로 예열한 오븐에 넣고 40분간 굽는다.

4. 냄비에 슬라이스한 양송이 버섯을 넣고 볶는다.

5. 건포르치니 버섯, 표고버섯을 넣고 숨이 죽을 때까지 볶는다.

6. 냄비에 ③과 ⑤, 표고버섯 가루, 닭육수를 넣고 끓인다.

7. 끓어오르면 약불로 3시간 동안 더 끓여 육수만 분리해 사용한다.

SAM Said…

팽이버섯 튀기기

팽이버섯을 먹기 좋은 크기로 가닥낸 후 180℃로 예열된 식용유에 튀겨 사용해요.

PASTA

파스타

만들기

1. 올리브오일을 두른 팬에 슬라이스한 양송이버섯, 표고버섯, 다진 마늘을 넣고 볶는다.

2. 버섯 육수 170g, 생크림을 넣고 끓인다.

3. 삶은 파파르델레 면, 그라나파다노 치즈를 갈아 넣고 에멀전 한다.

4. 소스가 면에 골고루 배어들면 트러플 페이스트를 넣고 섞는다.

마무리

1. 접시에 담고 튀긴 팽이버섯을 올린다.

2. 슬라이서로 얇게 썬 양송이버섯을 올린 후 그라나파다노 치즈를 갈아 뿌린다.

3. 올리브오일과 후추를 뿌려 마무리한다.

CHICKEN CURRY PENNE PASTA

치킨 커리 펜네 파스타

크루아상 전문점 '테디뵈르하우스'를 오픈하고
쌤쌤쌤에서도 크루아상을 접목시킨 메뉴가 있었으면 좋겠다고 생각해 개발한 메뉴예요.
난을 커리에 찍어 먹듯 크루아상을 파스타와 맛있게 곁들여 먹을 수 있어요.

재료 1인 분량

마리네이드 치킨*

닭다리살	500g
닭가슴살	250g
칠리 시즈닝(네추럴스파이스)	10g
마늘 파우더(100%)	10g
생강 파우더(100%)	7g
소금	5g

기타

튀긴 펜네 면	150g
생크림	적당량
허브	적당량
크루아상	1개

레드 커리 　　120g 사용

올리브오일	적당량
마리네이드 치킨*	750g
버터	100g
캐슈넛	100g
양파	500g
토마토	4개
칠리 시즈닝(네추럴스파이스)	20g
마늘 파우더(100%)	10g
카이엔 페퍼 파우더	1g
설탕	50g
가람 마살라	6g
닭육수(42p)	500g
소금	15g
생크림	50g
셰리 와인 비네거	15g

마리네이드 치킨

만들기

1. 닭다리살과 닭가슴살은 사방 2cm로 썰어 준비한다.

2. 볼에 칠리 시즈닝, 마늘 파우더, 생강 파우더, 소금을 넣고 골고루 섞는다.

3. 손질한 닭고기에 ②를 골고루 묻혀 냉장고에 3시간 동안 보관한 후 사용한다.

레드 커리

만들기

1. 올리브오일을 두른 팬에 마리네이드 치킨을 넣고 겉면이 노릇해지도록 굽는다.

2. 냄비에 버터 절반(50g), 캐슈넛, 큼직하게 자른 양파와 토마토를 넣고 토마토가 뭉개질 정도로 부드러워질 때까지 볶는다.

3. 칠리 시즈닝, 마늘 파우더, 카이엔 페퍼 파우더, 설탕, 가람 마살라, 닭육수, 소금을 넣고 1시간 동안 끓인다.

4. 불에서 내려 블렌더로 곱게 간다.

5. 생크림, 셰리 와인 비네거, 남은 버터, ①을 넣고 끓인다.

파스타

만들기

1. 끓는 물에 펜네 면을 넣고 10분 익힌 후 건져낸다.

2. 180℃로 예열한 식용유에 삶은 펜네 면을 살짝 튀긴다.

마무리

1. 접시에 튀긴 펜네 면을 담는다.

2. 레드 커리 120g을 담는다.

3. 생크림을 소스통에 담아 뿌린다.

4. 허브와 크루아상을 올려서 마무리한다.

"테디뵈르하우스의 맛있는 크루아상과 함께 하면
두 배 더 맛있는 파스타예요.
크루아상을 쭉 찢어서 소스에 듬뿍 찍어드세요."

SWEET PUMPKIN GNOCCHI

단호박 뇨끼

쌤쌤쌤에서는 시즌마다 제철 식재료를 이용해 기존 메뉴에 변화를 준 메뉴들을
많이 내놓는 편인데요, 이 단호박 뇨끼도 그런 메뉴 중 하나입니다.
가을 시즌을 겨냥해 감자 대신 단호박 가루로 뇨끼를 만들었어요.
반죽에 치즈를 넣어 짭조름한 맛과 감칠맛까지 느낄 수 있는 특색 있는 뇨끼랍니다.

재료 1인 분량

단호박 뇨끼

중력분	300g
단호박 가루	40g
디종 머스터드	2g
소금	5g
후추	1g
물	225g
버터	115g
달걀	1개
그라나파다노 치즈	120g
올리브오일	적당량

* 삶은 뇨끼는 조금 여유롭게 만들어두고
1인분씩 소분해 냉동고에 보관하며
사용할 수 있습니다. 하루 전날 냉장고로
옮겨 해동한 후 사용합니다.

단호박 소스

올리브오일	적당량
양파	200g
흑설탕	50g
사과주스	40g
껍질을 제거한 단호박	500g
우유	200g
휘핑크림(동물성)	100g
소금	10g

기타

호두 정과(28p)	8개
단호박 칩	8개
호박씨	적당량
그라나파다노 치즈	적당량
파슬리	적당량
올리브오일	적당량

단호박 뇨끼

만들기

1. 볼에 중력분, 단호박 가루, 디종 머스터드, 소금, 후추를 넣고 섞어 준비한다.

2. 냄비에 물과 버터를 넣고 약불로 가열해서 버터를 녹인다.

3. ②에 ①을 넣고 반죽이 한 덩어리가 되고, 매끈한 상태가 되도록 주걱으로 치대면서 섞는다.

4. 볼에 옮겨 주걱으로 섞어가며 뜨거운 김을 뺀다.

5. 달걀을 나눠 넣어가며 섞는다.

6. 그라나파다노 치즈를 갈아 넣고 섞는다.

7. 반죽을 가볍게 치댄다.

8. 손으로 밀고 잘라 뇨끼 모양으로 만든다.

9. 끓는 물에 뇨끼 반죽을 넣고 익힌다.

10. 뇨끼 반죽이 떠오르면 얼음물로 옮긴 후 차가워지면 건져내 올리브오일을 뿌려 준비한다.

단호박 소스

만들기

1. 올리브오일을 두른 팬에 슬라이스한 양파를 넣고 갈색이 나도록 볶는다.

2. 흑설탕을 넣고 캐러멜 색이 나도록 볶는다.

3. 사과주스, 껍질을 제거한 단호박, 우유, 휘핑크림, 소금을 넣고 끓인다.

   tip 사과주스는 시판 사과주스 또는 사과의 즙을 낸 것을 사용해도 좋다.

4. 끓어오르면 약불에서 1시간 동안 끓인다.

5. 블렌더로 곱게 갈아 마무리한다.

마무리

1. 올리브오일을 두른 팬에 뇨끼(9~10개)를 넣고 앞뒤로 노릇하게 색이 나도록 굽는다.

2. 접시에 데운 단호박 소스를 담는다.

3. 뇨끼, 호두 정과를 담는다.

4. 단호박 칩, 호박씨를 올리고 그라나파다노 치즈를 갈아 뿌린다.

   tip 단호박 칩은 단호박을 얇게 슬라이스한 후 180℃로 예열된 식용유에 튀겨 사용한다.

5. 파슬리를 올리고 올리브오일을 뿌려 마무리한다.

"냉동 제품에서는 느낄 수 없는 맛과 식감을 내는 쌤쌤쌤 수제 뇨끼예요. 반죽에 그라노파다노 치즈가 들어가 기분 좋은 감칠맛을 느낄 수 있어요."

BASIL RICOTTA COLD PASTA

바질 리코타 냉 파스타

더운 여름 시원하게 즐길 수 있는 차가운 파스타로 한국의 비빔국수를 재해석해 만든 메뉴예요.
피클링한 카펠리니 면에 바질 드레싱과 리코타 치즈, 아보카도, 각종 야채를 골고루 비벼 드세요.

재료 1인 분량

바질 드레싱	30g 사용
바질	10g
애플 사이다 비네거	15g
올리브오일	20g
올리고당	20g

케이준 시즈닝 믹스*	
양파 파우더(100%)	10g
마늘 파우더(100%)	10g
파프리카 파우더	10g
카이엔 페퍼 파우더	1g
후추	10g
소금	10g
강황 가루	10g

케이준 수비드 치킨	
케이준 시즈닝 믹스*	10g
닭가슴살	250g
올리브오일	적당량

캔디드 캐슈넛*	
버터	10g
캐슈넛	100g
황설탕	25g
물	5g
소금	3g
파프리카 파우더	1g

파스타	
삶은 카펠리니 면	250g
애플 사이다 비네거	40g
설탕	30g
물	80g

기타	
미니 비타민	150g
리코타 치즈(28p)	한 스쿱
길게 자른 아보카도	3개
방울토마토	2개
캔디드 캐슈넛*	8개
완두콩	8개
바질	5장
올리브오일	적당량

케이준 수비드 치킨

만들기

1. 볼에 케이준 시즈닝 믹스 재료를 모두 넣고 골고루 섞는다.

2. 닭가슴살에 케이준 시즈닝 믹스 10g을 골고루 펴 바른다.

3. 진공 팩에 넣고 진공 압축한다.

4. 수비드 기계에서 56℃의 물로 2시간 동안 익힌다.

5. 올리브오일을 두른 팬에 수비드한 닭가슴살을 노릇하게 굽는다.

6. 3등분으로 슬라이스해 준비한다.

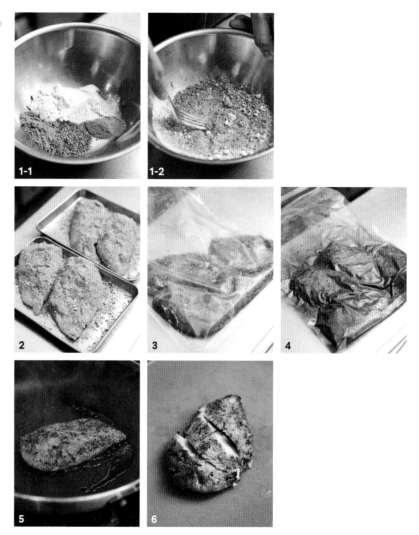

캔디드 캐슈넛

만들기

1. 팬에 버터를 넣고 녹인다.

2. 캐슈넛을 넣고 볶는다.

3. 캐슈넛 겉면이 살짝 노릇해
   지면 황설탕을 넣고 천천히
   볶는다.

4. 황설탕이 녹으면 물, 소금
   을 넣고 볶는다.

5. 물기가 없게 졸아들면 파프
   리카 파우더를 넣고 섞어
   마무리한다.

6. 종이호일 또는 테프론시트
   를 깐 철판에 평평하게 깔
   고 180℃로 예열된 오븐에
   서 10분간 굽는다.

tip 구운 후 한 알씩 떼어내
밀폐 용기에 담아 냉장 보
관하며 사용한다.

파스타

만들기

1. 카펠리니 면을 2분 30초 정
   도로 삶은 후 건져낸다.

2. 미리 섞어둔 애플 사이다
   비네거, 설탕, 물을 건져낸
   면에 바로 넣고 버무린다.

마무리

만들기

1. 접시에 미니 비타민을 깔아 준다.

2. 삶은 카펠리니 면을 담는다.

3. 리코타 치즈를 중앙에 올리고 그 주위에 손질한 아보카도를 올린다.

4. 케이준 수비드 치킨, 4등분한 방울토마토, 캔디드 캐슈넛, 완두콩을 올린다.

5. 바질을 올리고 바질 드레싱 30g을 뿌린다.

6. 올리브오일을 뿌려 마무리 한다.

SAM Said…

 바질 드레싱 만들기

볼에 모든 재료를 넣고 블렌더로 갈아 소스통에 넣어 사용해요.

 아보카도 손질하기

① 씨를 중심으로 칼을 돌려가며 반으로 갈라주세요.

② 반으로 잘라요.

③ 씨를 제거한 후 한 번 더 잘라주세요.

④ 엄지손가락으로 껍질을 벗긴 후 원하는 크기로 잘라 사용해요.

PASTA

"비빔면을 섞듯 모든 재료를
골고루 섞어 드시는 게 포인트예요."

GORGONZOLA PASTA

고르곤졸라 생면 파스타

팝업을 진행하면서 처음 선보였던 생면 파스타예요. 직접 반죽해 만든
부드럽고 촉촉한 생면과 고르곤졸라 소스, 고소하게 씹히는 피스타치오가 포인트예요.

재료 1인 분량

생면 반죽*

중력분	175g
세몰리나	75g
노른자	185g

고르곤졸라 소스*

고르곤졸라 치즈	74g
소금	1g
휘핑크림(동물성)	350g
닭육수(42p)	200g

파스타

삶은 생면*	180g
고르곤졸라 소스*	335g
잠봉(104p)	100g

*시판 잠봉 사용 가능

시금치	4장
그라나파다노 치즈	1T

기타

피스타치오 분태	적당량
슬라이스한 그라나파다노 치즈	5개
후추	약간
올리브오일	적당량

생면 파스타

만들기

1. 볼에 중력분과 세몰리나를 담고 가운데를 옴폭하게 만든다.

2. 노른자를 넣는다.

3. 포크로 골고루 섞는다.

4. 한 덩어리의 반죽이 될 때까지 손으로 치대가며 섞는다.

5. 반죽을 랩핑한 후 냉장고에서 1시간 동안 휴지시킨다.

6. 휴지시킨 반죽을 3등분으로 나누어 밀대로 밀어 편 후 제면기에서 면을 뽑는다.

tip 제면기가 없다면 시판 파스타 면으로 대체해도 좋다.

고르곤졸라 소스

만들기

1. 냄비에 모든 재료를 넣고 끓인다.

2. 끓어오르고 치즈가 녹으면 불에서 내려 블렌더로 갈아 마무리한다.

PASTA

파스타

만들기

1. 생면을 1분 30초 정도로 익힌다.

2. 팬에 고르곤졸라 소스, 삶은 생면을 넣고 에멀전한다.

3. 슬라이스한 잠봉, 큼직하게 자른 시금치를 넣고 그라나 파다노 치즈를 갈아 넣는다.

4. 면이 소스를 머금고 졸아들 때까지 끓인다.

마무리

1. 접시에 옮겨 담고 피스타치오 분태, 슬라이스한 그라나 파다노 치즈를 올린다.

2. 후추와 올리브오일을 뿌려 마무리한다.

"고르곤졸라 치즈로 맛을 낸 파스타예요.
생면을 만들기 어렵다면 시판 파스타 면을
사용해도 충분히 맛있답니다."

7

LASAGNA

라자냐

오픈 초기부터 쌤쌤쌤의 시그니처 메뉴로 자리잡은 메뉴! 일반적인 라자냐와 다르게 튀긴 해시브라운을 넣어 쌤쌤쌤의 스타일로 만들어본 라자냐예요. 구운 빵가루와 튀긴 해시브라운으로 식감에 재미를 주었고, 토마토 소스에는 치포틀레 페퍼를 넣어 매콤한 포인트를 주었어요.

재료 높은 1/2 방팬(39X29X4.5cm) 1개 분량 (12인분)

베샤멜 소스

버터	40g
박력분	40g
우유	500g
파르메산 치즈	100g
아메리칸 슬라이스 치즈	100g

라자냐

식용유	적당량
해시브라운	15개
라자냐 면	한 통
(디벨라 세몰리나 라자냐 500g)	
피자 치즈(모차렐라)	200 g
그라나파다노 치즈	50 g
구운 빵가루	적당량
파슬리	적당량

토마토 소스

식용유	적당량
양파	100g
마늘	50g
토마토홀(통조림)	500g
토마토 페이스트	200g
소금	5g
설탕	15g
치포틀레 페퍼(라 코스테냐)	20g
마늘 파우더(100%)	5g
양파 파우더(100%)	5g
파프리카 파우더	5g
멸치 액젓	10g
닭육수(42p)	200g

서빙

피자 치즈(모차렐라)	200g
그라나파다노 치즈	적당량
구운 빵가루	적당량
파슬리	적당량

라구 소스

소 다짐육	1kg
돼지 다짐육	1kg
올리브오일	적당량
양파	200g
당근	50g
샐러리	50g
마늘	20g
베이컨	300g
레드 와인	50g
토마토홀(통조림)	300g
토마토 페이스트	300g
버섯 육수(68p)	500g
멸치 액젓	10g
건조 타임	10g
건조 로즈마리	10g
소금	약간
후추	약간
건조 바질	50g

베샤멜 소스

만들기

1. 냄비에 버터를 넣고 녹인 후 박력분을 넣고 연한 갈색이 될 정도로만 볶아 루를 만든다.

2. 우유를 조금씩 부어가며 덩어리지지 않게 젓는다.

3. 파르메산 치즈, 아메리칸 슬라이스 치즈를 넣고 녹여 마무리한다.

토마토 소스

만들기

1. 200℃로 예열한 식용유에 큼직하게 썬 양파와 마늘을 튀긴 뒤, 모든 재료와 합친다.

2. 블렌더로 곱게 갈아 마무리한다.

라구 소스

만들기

1. 팬에 소 다짐육, 돼지 다짐 육을 넣고 볶아 익힌다.

2. 다른 팬에 올리브오일을 두르고 사방 0.5cm로 자른 양파, 당근, 샐러리와 다진 마늘을 넣고 양파가 투명해 질 때까지 볶는다.

3. 베이컨을 넣고 볶는다.

4. 냄비에 ①, ②, ③을 넣고 볶는다.

5. 레드와인을 넣어 디글레이 징한다.

6. 토마토홀, 토마토 페이스트, 버섯 육수, 멸치 액젓, 건조 타임, 건조 로즈마리, 소금, 후추를 넣고 끓인다.

7. 끓어오르면 약불로 줄이고 2시간 동안 익힌 후 건조 바질을 넣어 마무리한다.

SAM Said…

디글레이징 (Deglazing)이란?

요리 기법 중 하나로, 조리 시 팬 바닥에 눌어붙은 고기에 와인이나 육수 등의 액체 재료를 넣고 불려가며 주걱으로 긁어내면서 풍미를 더 끓어올리는 과정을 말해요.

라자냐

만들기

1. 180℃로 예열한 식용유에 해시브라운을 넣고 튀겨 익힌다.

2. 라자냐팬에 올리브오일을 골고루 발라준다.

3. 라자냐 면 – 라구 소스 – 베샤멜 소스 순서로 올린다.

4. 라자냐 면 - 토마토 소스 – 해시브라운 - 라구 소스 - 베샤멜 소스 순서로 올린다.

tip 토마토 소스는 420g을 사용하고, 층마다 올리는 베샤멜 소스는 약 170g씩, 라구 소스는 약 420g씩 사용한다. 마지막에 뿌리는 피자치즈는 전면이 덮일 정도로 소복하게(약 200g), 그라나파다노 치즈는 골고루 얇게(약 50g) 뿌린다.

5. 라자냐면 - 라구 소스 - 베샤멜 소스 순서로 올린다.

6. 라자냐 면 - 베샤멜 소스 - 라구 소스 - 피자 치즈 - 그라나파다노 치즈 순서로 올린다.

7. 180℃로 예열한 오븐에 25분간 굽는다.

1. 라자냐를 접시 크기에 맞춰 자른다.

   tip 쌤쌤쌤에서는 사용한 철판 크기 기준 12조각으로 잘라 사용한다.

2. 따뜻하게 데운 접시에 토마토 소스를 깔고 평평하게 펼친다.

3. 자른 라자냐 조각을 올린다.

4. 라자냐 위에 피자 치즈를 뿌린 후 200℃로 예열한 오븐에서 3분간 굽는다.

5. 그라나파다노 치즈, 구운 빵가루, 파슬리, 올리브오일을 뿌려 서빙한다.

   tip 빵가루는 식용유를 두른 팬에서 볶거나, 오븐에 구워 노릇하고 바삭한 상태로 사용한다.

"쌤쌤쌤 오픈 초기부터 자리를 지켜온
시그니처 메뉴 라자냐예요. 일반적인 라자냐와 다르게 해시브라운이
들어가는 것이 포인트예요."

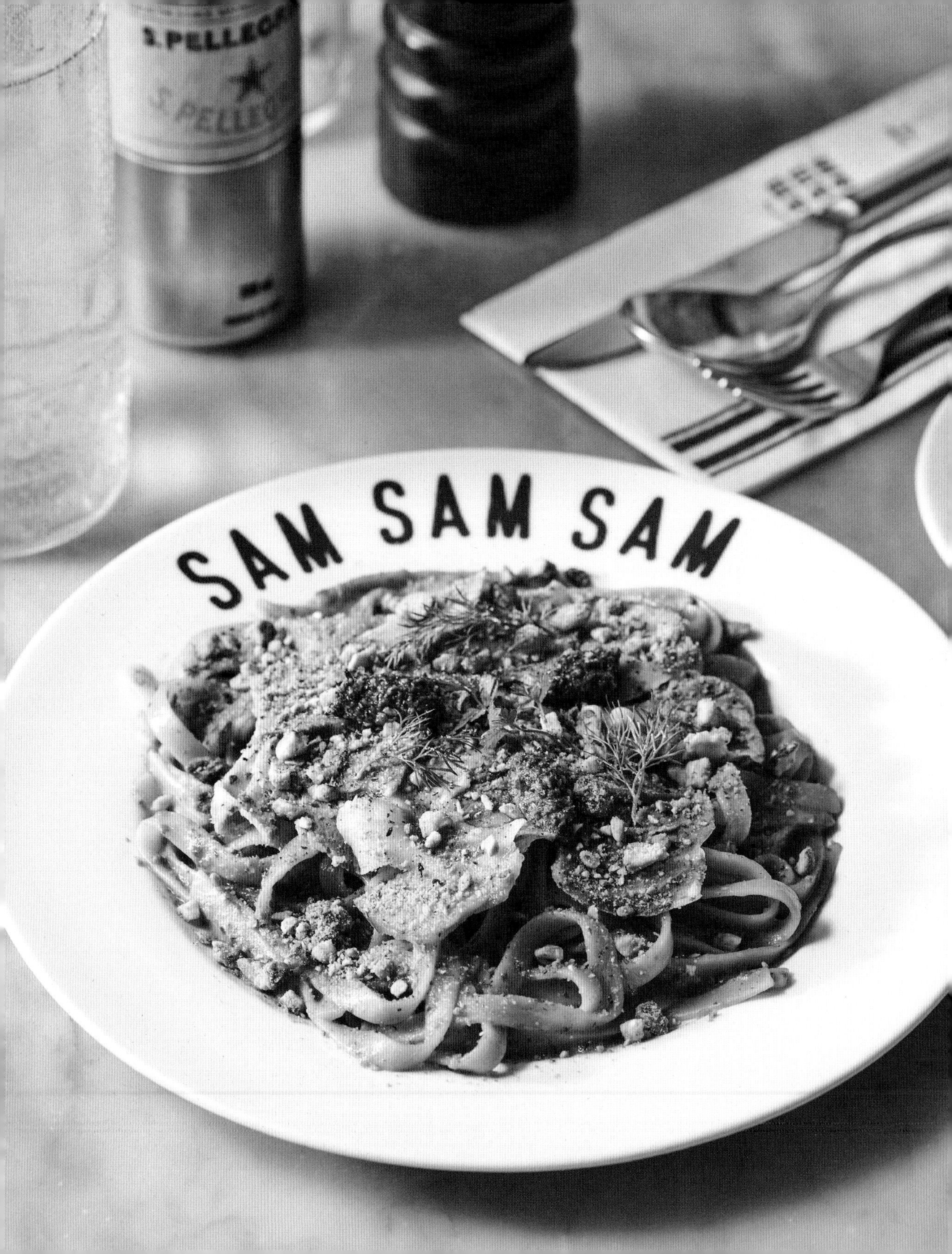
S.PELLEGRINO
SAM SAM SAM

JAMBON-BEURRE PASTA

잠봉뵈르 파스타

쌤쌤쌤의 파스타라고 하면 아마도 많은 분들이 이 메뉴를 떠올리실 거예요.
잠봉뵈르 샌드위치에서 영감을 받아 만든 파스타로, 일본식 된장과 쪽파로 맛을 내고
고소하게 씹히는 피스타치오로 포인트를 준 메뉴입니다.

재료 1인 분량

잠봉

돼지 전지	500g
정향	5g
통후추	10g
월계수 잎	10g
고수씨	5g
시나몬(스틱)	2개
물	3kg
소금	50g
설탕	100g
큐어링 솔트	20g
연두(샘표, 연두 순)	10g
레몬	1/4조각

*시판 잠봉 사용 가능

시금치 치미추리*

시금치	100g
라임 주스	10g
설탕	10g
셰리 와인 비네거	12g
소금	3g
후추	1g
마늘	15g
피시 소스	6g
올리브오일	80g

파스타

삶은 페투치네 면	150g
올리브오일	적당량
면수	80g
미소버터 소스*	112g
그라나파다노 치즈	1T
후추	약간

미소 버터 소스*

베이컨	50g
양파	100g
쪽파	50g
적된장(신슈)	15g
시오콘부	2g
닭육수(42p)	50g
버터	50g
생크림	40g

기타

미소버터 소스*	적당량
시금치 지미추리*	6g
피스타치오 분태	적당량
슬라이스한 버터	적당량
파슬리	적당량

잠봉

만들기

1. 돼지 전지는 큼직하게 썰어 준비한다.

2. 팬에 정향, 통후추, 월계수 잎, 고수씨, 시나몬을 넣고 색이 나도록 볶는다.

3. 냄비에 ②와 물, 소금, 설탕, 큐어링 솔트, 연두, 레몬을 넣고 끓인다.

4. 끓어 오르면 불을 끄고 5~10℃ 정도로 식힌 후 돼지 전지가 잠기게 붓는다.

5. 향신료가 잘 우러날 수 있게 망이나 철판을 덮어 향신료가 물에 잠기게 한다.

6. 입구를 랩핑한 후 72시간 이상 냉장고에서 염지시킨다.

7. 염지한 돼지 전지를 흐르는 물에 씻는다.

8. 타이트하게 랩핑한 후 진공백에 담고 수비드 기계에서 61℃의 물로 12시간 동안 익힌다

9. 식힌 후 얇게 슬라이스해 준비한다.

미소 버터 소스

만들기

1. 달궈진 냄비에 잘게 썬 베이컨을 넣고 볶는다.

2. 잘게 다진 양파와 쪽파를 넣고 양파가 투명해질 때까지 볶는다.

3. 나머지 재료를 모두 넣고 바글바글 끓인 후 식혀 준비한나.

파스타

만들기

1. 페투치네 면을 7분 정도 삶는다. 삶은 면은 올리브오일을 부려두고, 면수는 일부 남겨둔다.

2. 팬에 미소버터 소스 112g을 넣고 끓어오르면 삶은 페투치네 면과 면수를 적당량 넣고 면에 소스가 잘 배어들도록 한다.

3. 불을 끄고 그라나파다노 치즈, 후추를 뿌리고 에멀전한다.

마무리

1. 접시에 잠봉뵈르 파스타를 담고 미소 버터 소스를 적당량(세 숟가락 정도) 올린다.

2. 잠봉 겉면을 토치로 살짝 그을린다.

3. 시금치 지미추리, 피스타치오 분태, 슬라이스한 버터, 파슬리를 올려 마무리한다.

SAM Said…

 시금치 지미추리 만들기

볼에 모든 재료를 넣고 블렌더로 갈아 사용해요. 올리브오일은 한 번에 넣지 않고 중간중간 흘려가며 갈아주세요.

"일본식 된장을 파스타에 넣어본 메뉴예요.
쌤쌤쌤 파스타 중 가장 인기가 많은데요,
맛있는 잠봉과 시금치 지미추리, 오도독 씹히는 피스타치오가 포인트랍니다."

CHRISTMAS TREE PASTA

크리스마스 트리 파스타

크리스마스 시즌 메뉴로 선보였던 트리 모양 파스타예요. 바질 페스토로 맛을 내고
콜리플라워 퓌레, 토마토 소스, 시금치 오일로 다양한 맛과 향을 더했어요.

재료

바질 페스토*

호두	25g
바질	50g
마늘	2알
그라나파다노 치즈	25g
소금	3g
올리브오일	80g
닭육수(42p)	20g
시금치	70g

콜리플라워 퓌레*

콜리플라워	350g
버터	120g
닭육수(42p)	300g
생크림	250g
우유	250g
소금	8g

토마토 소스*

올리브오일	적당량
양파	500g
마늘	50g
토마토	2개
토마토홀(통조림)	1.5kg
올리브오일	적당량
닭육수(42p)	100g
셰리 와인 비네거	5g
설탕	10g
소금	5g

* 쌤쌤쌤에서는 다양한 요리의 베이스가
되는 토마토 소스를 대량으로 만들어
사용합니다. 많은 양이 필요하지 않다면
배합을 줄여 만들어도 좋습니다.

시금치 오일*

시금치	50g
올리브오일	100g
레몬즙	25g

파스타

삶은 스파게티 면	180g
올리브오일	적당량
다진 마늘	1/2t
홍가리비살	6조각
화이트 와인	적당량
바질페스토*	40g
그라나파다노 치즈 가루	20g

기타

퍼프 페이스트리	한 조각

*퍼프 페이스트리생지를 컨벡션 오븐
기준180℃에 20분 정도 구운 후
적당한 크기로 잘라 사용합니다.

콜리플라워 퓌레*	적당량
토마토 소스*	적당량
완두콩	적당량
허브	적당량
그라나파다노 치즈	10g
레몬 제스트	적당량
라임 제스트	적당량
시금치 오일*	적당량

콜리플라워 퓌레

만들기

1. 콜리플라워를 가로, 세로 1.5cm 크기로 자른다.

2. 냄비에 버터를 넣고 녹인 후 콜리플라워를 넣고 색이 나지 않도록 가볍게 볶는다.

3. 닭육수, 생크림, 우유, 소금을 넣고 끓어오르면 약불로 줄여 콜리플라워가 푹 익을 때까지 끓인다.

4. 불에서 내려 블렌더로 갈아 마무리한다.

토마토 소스

만들기

1. 올리브오일을 두른 냄비에 슬라이스한 양파와 마늘을 넣고 가볍게 볶는다.

2. 슬라이스한 토마토를 넣고 양파가 투명해질 때까지 볶는다.

3. 나머지 재료들을 모두 넣고 약불로 2시간 동안 끓인다.

4. 불에서 내려 블렌더로 갈아 마무리한다.

시금치 오일

만들기

1. 시금치에 올리브오일을 흘려 넣어가며 블렌더로 간다.

2. 팬에 넣고 끓어오르기 시작하면 바로 불에서 내려 레몬즙을 넣고 섞는다.

   tip 시금치 색이 탁하게 변하지 않도록 끓기 시작하면 바로 불에서 내린다.

3. 면포에 붓고 꼭 짜 시금치 오일을 분리해 사용한다.

파스타

만들기

1. 스파게티 면을 6분 정도 익혀 준비한다.

2. 올리브오일을 두른 팬에 다진 마늘을 넣고 겉면이 갈색이 되기 전에 홍가리비살과 화이트와인을 넣어 플람베한다.

3. 홍가리비살을 따로 빼두고, 삶은 스파게티 면과 면수 100g을 넣고 볶는다.

4. 끓어오르면 홍가리비살, 바질 페스토와 그라나파다노 치즈 가루를 넣고 에멀전한다.

마무리

1. 팬에서 돌돌 말아 접시에 담는다.

2. 페이스트리 퍼프를 담아 트리 모양으로 만든다.

tip 사진처럼 페이스트리 퍼프 대신 춘권피를 튀겨 사용해도 좋다.

3. 콜리플라워 퓌레, 토마토 소스를 물방울 모양으로 점을 찍어 올려준다.

4. 완두콩, 허브를 나뭇잎처럼 꾸며 올린다.

5. 그라나파다노 치즈를 갈아 뿌리고 레몬 제스트, 라임 제스트, 시금치 오일을 뿌려 마무리한다.

 SAM Said…

바질 페스토 만들기

믹서에 모든 재료를 넣고 갈아주세요.

* 호두는 180℃에서 약 10분간 구운 후 식혀 사용해요.

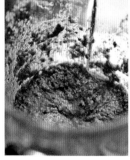

RISOTTO
RISOTTO
RISOTTO

fuso

Ligo
BRAND

LOUISIANA
Extra
OT SAUCE

NET 177mL

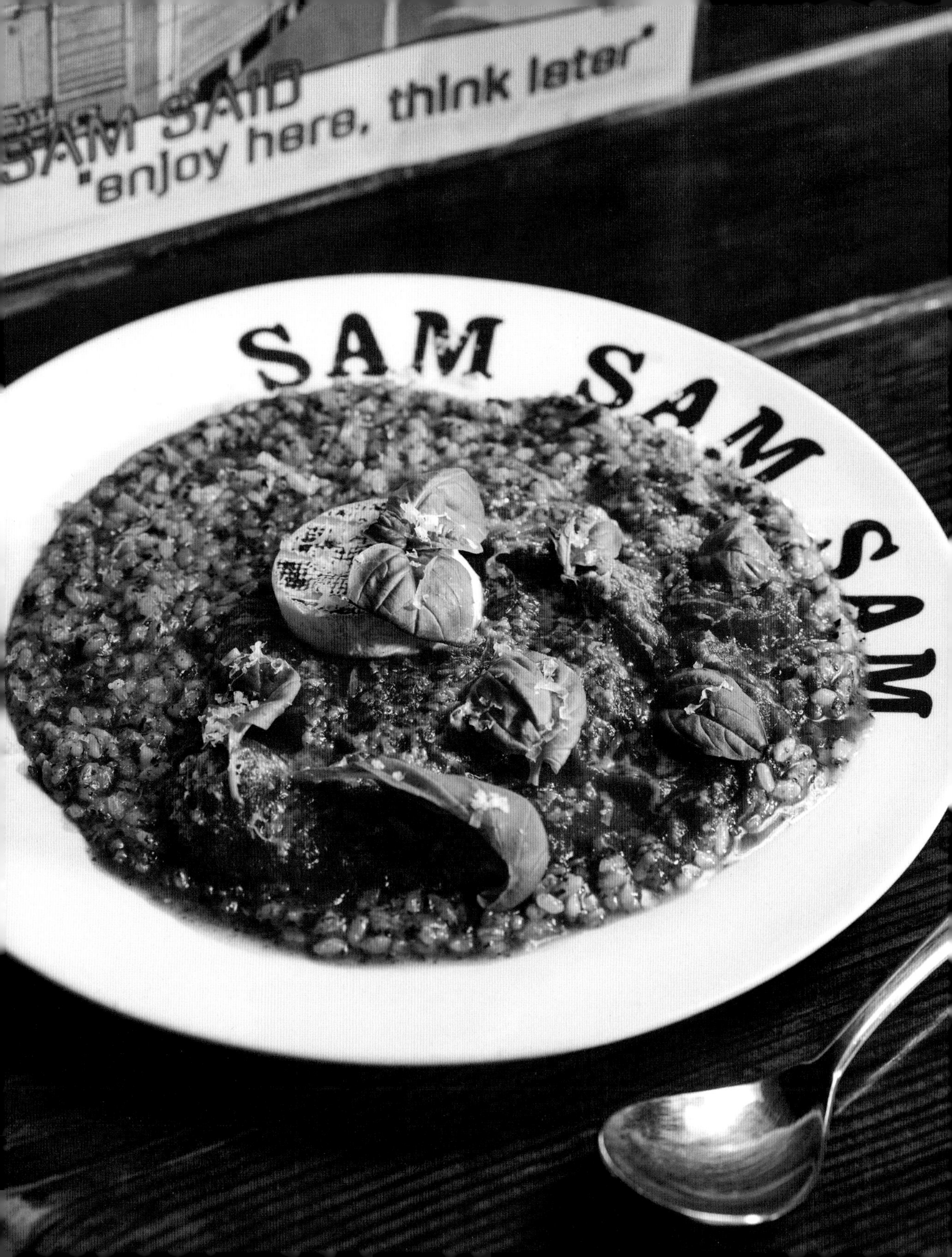
SAM SAID
"enjoy here, think later"
SAM SAM SAM SAM

BASIL TOMATO RISOTTO

바질 토마토 리조또

여름에 나오는 바질은 가격도 저렴하지만 맛과 향도 뛰어나 요리에 사용하기에 참 좋아요.
향이 좋은 여름의 바질을 사용해 페스토를 만들고, 푹 끓인 토마토 소스를 더했어요.

재료 1인 분량

토마토 소스	170g 사용
올리브오일	적당량
양파	500g
마늘	50g
토마토(완숙)	3개
토마토홀(통조림)	1.5kg
닭육수(42p)	100g
설탕	10g
소금	5g
그라나파다노 치즈	50g
셰리 와인 비네거	5g

버터 리조또 쌀*	
버터	100g
마늘	20g
양파	300g
쌀	500g
화이트와인	80g
닭육수(42p)	500g
소금	6g
시오콘부	5g

리조또	
올리브오일	적당량
방울토마토	3개
다진 마늘	1/2t
화이트와인	적당량
버터 리조또 쌀*	150g
닭육수(42p)	170g
바질 페스토(112p)	1T
그라나파다노 치즈	1T
버터	1t

기타	
스트라치아텔라 치즈	적당량
바질	적당량
그라나파다노 치즈	적당량
올리브오일	적당량

토마토 소스

만들기

1. 올리브오일을 두른 냄비에 사방 1cm로 자른 양파, 잘게 다진 마늘을 넣고 양파가 투명해질 때까지 볶는다.

2. 6등분한 토마토를 넣고 뭉개질 정도로 부드러워질 때까지 끓인다.

3. 토마토홀, 닭육수, 설탕, 소금, 그라나파다노 치즈를 넣고 약불로 3시간 동안 끓인다.

4. 세리 와인 비네거를 넣고 블렌더로 갈아 마무리한다.

버터 리조또 쌀

만들기

1. 팬에 버터, 다진 마늘, 사방 0.5cm 크기로 자른 양파를 넣고 약불에서 겉면에 색이 나지 않을 정도로 볶는다.

2. 쌀과 화이트와인을 넣고 센불에서 볶아 알코올을 날려준다.

3. 나머지 재료들을 넣고 뚜껑을 덮어 8분간 끓인다.

4. 불을 끄고 뚜껑을 덮은 상태로 5분간 뜸을 들여 마무리한다.

만들기

1. 올리브오일을 두른 팬에 반으로 자른 방울토마토를 익혀 준비한다.

2. 팬에 다진 마늘을 넣고 볶다가 겉면에 색이 나게 전에 화이트와인을 넣고 플람베한다.

3. 버터 리조또 쌀, 닭육수를 넣고 농도가 날 때까지 끓인다.

4. 바질 페스토, 그라나파다노 치즈, 버터를 넣고 쌀에 고르게 배도록 에멀전한다.

마무리

1. 접시에 리조또를 담고 데운 토마토 소스 170g을 올린다.

2. 익힌 방울토마토, 스트라치아텔라 치즈, 바질을 올린다.

tip 취향에 따라 좋아하는 치즈를 사용한다. 스트라치아텔라 치즈, 브리 치즈, 부라타 치즈 등을 살짝 구워 올려도 좋다.

3. 그라나파다노 치즈를 갈아 뿌리고 올리브오일을 뿌려 마무리한다.

SQUID INK RISOTTO

먹물 리조또

오픈 초기부터 쌤쌤쌤의 대표 메뉴로 사랑받고 있는 먹물 리조또예요.
태국식 고추장을 사용해 자칫 느끼할 수 있는 먹물 크림에 매콤한 포인트를 주었어요.

재료 1인 분량

태국식 고추장*

식용유	적당량
마늘	500g
양파	400g
건새우	40g
베트남 고추	70g
물	500g
타마린드	400g
설탕	500g
피시 소스	500g
라임즙	40g

* 태국식 고추장, 리조또 쌀은 쌤쌤쌤에서 다양한 요리에 사용되므로 대량으로 만들어둡니다. 많은 양이 필요하지 않은 경우라면 재료의 양을 1/2 또는 1/4로 줄여도 좋습니다. 만들어둔 태국식 고추장은 냉장고에서 2주 이내로 사용할 수 있습니다.

리조또 쌀*

올리브오일	적당량
양파	1kg
피망	300g
쌀	1kg
보리	1kg
시오콘부	12g
파프리카 파우더	15g
카이엔 페퍼 파우더	10g
봉골레 파우더	5g
태국식 고추장*	50g
물	1500ml

파프리카 마요*

파프리카 파우더	8g
마요네즈	300g
디종 머스터드	60g
마늘	70g

먹물 리조또

낙지	한 마리
양파	1T
피망	1T
다진 마늘	1t
다진 오징어	1/2T
먹물	1/2t
리조또 쌀*	150g
화이트와인	적당량
닭육수(42p)	170g
생크림	28g
그라나파다노 치즈	1T

기타

파프리카 마요*	10g
고수	적당량
완두콩	적당량
올리브오일	적당량

태국식 고추장

만들기

1. 200℃로 예열한 식용유에 마늘, 양파, 건새우, 베트남 고추를 각각 튀긴다.

2. 냄비에 물과 타마린드를 넣고 약불로 3시간 동안 끓인다.

3. 체에 거른다.

4. 냄비에 체에 걸러낸 타마린드 물, 튀긴 ①, 설탕, 피시소스를 넣고 끓인다.

5. 끓어오르면 불에서 내려 라임즙을 넣어가면서 블렌더로 갈아 마무리한다.

리조또 쌀

만들기

1. 올리브오일을 두른 냄비가 달궈지면 작게 깍둑 썬 양파와 피망을 넣고 볶는다.

2. 양파가 투명해지면 물을 제외한 나머지 재료들을 모두 넣고 볶는다.

3. 물을 넣고 뚜껑을 덮어 중불로 8분간 끓인다.

4. 불을 끄고 뚜껑을 덮은 채로 5분간 뜸을 들여 마무리한다.

SAM Said···

파프리카 마요 만들기

볼에 모든 재료를 넣고 블렌더로 갈아 사용해요.

만들기

1. 달궈진 팬에 낙지를 앞뒤로 노릇 하게 굽고 트레이에 빼 놓는다.
2. 같은 팬에 다진 양파와 피망, 다진 마늘을 넣고 볶는다.
3. 다진 오징어, 먹물, 리조또 쌀 150g을 넣고 먹물이 섞일 때까지 볶는다.
4. 화이트와인을 넣고 플람베를 한다.
5. 닭육수, 생크림을 넣고 그라나파다노 치즈를 갈아 뿌려 리조또 쌀에 고르게 배도록 에멀전한다.

마무리

1. 접시에 리조또를 담는다.
2. 리조또 위에 구운 낙지를 올리고 파프리카 마요를 뿌린다.
3. 고수, 완두콩을 올린다.
4. 올리브오일을 뿌려 마무리한다.

RISOTTO

CORN RISOTTO

옥수수 리조또

7~9월이 제철인 초당옥수수를 사용해 만든 시즌 메뉴예요.
청량한 단맛이 강한 초당옥수수에 짭조름한 베이컨을 더해 단짠단짠 매력을 느낄 수 있어요.

재료 1인 분량

옥수수 소테*

초당 옥수수	100g
버터	20g
마요네즈	50g
소금	2g
굵은 고춧가루	2g

옥수수 페스토*

구운 호두	100g
초당 옥수수	500g
올리브오일	100g
그라나파다노 치즈	150g
소금	5g

모차렐라 크림*

생모차렐라 치즈	200g
생크림	50g
마스카르포네 치즈	120g
소금	2g

리조또

옥수수 소테*	1T
버터 리조또 쌀(118p)	150g
닭육수(42p)	170g
옥수수 페스토*	1.5T
그라나파다노 치즈 가루	1T
피자 치즈(모차렐라)	1T

기타

베이컨	300g
모차렐라 크림*	2T
페코리노 치즈	적당량
올리브오일	적당량

옥수수 소테

만들기

1. 초당옥수수를 세워 길게 썰고 한입 크기로 자른다.
2. 버터를 두른 팬에 초당 옥수수를 넣고 겉면이 노릇한 색이 날 때까지 볶는다.
3. 나머지 재료들을 넣고 색이 날 때까지 볶는다.

 SAM Said···

옥수수 페스토 만들기

블렌더 또는 푸드 프로세서를 이용해 모든 재료를 넣고 갈아 사용해요.

* 호두는 180℃에서 약 10분간 구운 후 식혀 사용해요.

모차렐라 크림 만들기

모든 재료를 갈아 사용해요.

리조또

만들기

1. 팬에 옥수수 소테, 버터 리
   조또 쌀, 닭육수를 넣고 농
   도가 날 때까지 끓인다.

2. 옥수수 페스토, 그라나파다
   노 치즈 가루, 피자 치즈를
   넣고 에멀전한다.

마무리

1. 달군 팬에 두툼하게 썬 베이
   컨을 넣고 앞뒤로 노릇하게
   구워 준비한다.

2. 접시에 담고 고르게 펴준
   다.

3. 옥수수 소테를 중앙에 얹고
   그 주위에 구운 베이컨을
   올린다.

4. 중앙에 모차렐라 크림을 올
   린다.

5. 페코리노 치즈와 올리브오
   일을 뿌려 마무리한다.

   tip 페코리노 치즈는 가운
   데에 올리거나 한입 크
   기로 군데군데 올린다.

JAMBALAYA RISOTTO

잠발라야 리조또

잠발라야는 미국 남부의 쌀 요리 중 하나예요. 쌈쌈쌈에서 연말을 겨냥해 준비한 메뉴로
추운 겨울 특히 더 생각나는 따뜻한 요리랍니다.

재료 1인 분량

케이준 시즈닝*

마늘 파우더(100%)	1T
양파 파우더(100%)	1T
소금	1T
후추	1t
훈연 파프리카 파우더	1T
카이엔 페퍼 파우더	1t
큐민	1t

* 닭다리에 바르는 케이준 시즈닝은
리조또에 사용하는 1T을 남겨두고
전량 사용한다.

케이준 치킨

닭다리	1개
케이준 시즈닝*	전량

리조또

버터	50g
박력분	50g
양파	3T
피망	2T
토마토 페이스트	1T
쌀	300g
훈연 소시지	300g
케이준 시즈닝*	1T
닭육수(42p)	800g

기타

캐러웨이씨드	적당량
파슬리	적당량
올리브오일	적당량

만들기

1. 닭다리에 케이준 시즈닝 전량을 골고루 묻히고 버무려 냉장고에 1시간 정도 보관한다.

tip 한 접시당 닭다리 1개를 사용한다.

2. 180℃로 예열한 오븐에 25분간 굽는다.

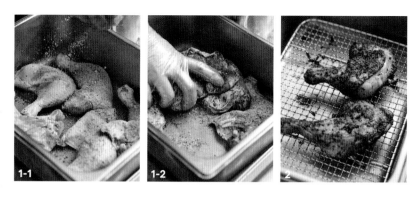

리조또

만들기

1. 팬에 버터, 박력분을 넣고 갈색빛이 나도록 볶아 브라운 루를 만든다.

2. 사방 0.5cm로 다진 양파와 피망, 토마토 페이스트를 넣고 갈색이 날 때까지 볶는다.

3. 쌀, 슬라이스한 훈연 소시지, 케이준 시즈닝 1T를 넣고 가볍게 볶는다.

4. 닭육수를 넣고 중불로 14분간 끓인다.

1. 접시에 옮겨 담고 구운 닭다리를 올린다.
2. 캐러웨이씨드, 파슬리를 올린다.
3. 올리브오일을 뿌려 마무리한다.

SAM Said···

 케이준 시즈닝 만들기

모든 재료를 고르게 섞어 사용해요.

"그냥 먹어도 맛있는 케이준 닭다리살을 큼직하게 잘라
잠발라야 리조또와 한입에 드셔보세요."

PLATE

AND

DESSERT

1

STEAK

스테이크

살치살을 수비드로 부드럽게 익힌 스테이크예요.
미국 스타일로 감자 튀김을 곁들이고 싶었는데요, 꽈리고추를 함께 튀기고 다진 마늘과 후추 등
으로 버무려 느끼하지 않게 먹을 수 있어요. 콩피 페퍼를 넣어 만든 페퍼 소스도 포인트예요.

재료 1접시 분량

페퍼 소스	55g 사용
시오콘부	2g
물	200g
콩피 페퍼(식용유, 통후추 적당량)	5g
휘핑크림(동물성)	50g
디종 머스터드	25g
소금	3g
설탕	1g
마늘 파우더(100%)	1g
태국식 고추장(122p)	50g

살치살 마리네이드	
살치살	1kg
소금	8g
후추	5g
타임	5g
버터	50g
마늘	5알

꽈리고추 감자튀김	
식용유	적당량
냉동 감자	200g
꽈리고추	500g
다진 마늘	1/2t
버터	1/2t
후추	적당량
파슬리	적당량

기타	
그라나파다노 치즈	적당량
케첩	적당량
포션 버터	1개

페퍼 소스

만들기

1. 냄비에 시오콘부와 물을 넣고 약불에 30분간 끓여서 시오콘부 육수를 만든다.

2. 140℃로 예열한 식용유에 통후추를 3시간 동안 익힌 (콩피 작업) 후 체에 걸러 콩피 페퍼를 완성한다.

3. 냄비에 ①과 ②와 나머지 재료를 모두 넣고 농도가 나오도록 끓인다.

4. 블렌더로 갈아 마무리한다.

콩피 페퍼

살치살 마리네이드

만들기

1. 살치살은 근막을 제거하고 스테이크용 크기로 자른다.

2. 볼에 ①과 나머지 재료를 모두 넣고 살치살에 버무린다.

3. 진공 팩에 넣고 수비드 기계에서 52.5℃의 물로 3시간 동안 익힌다.

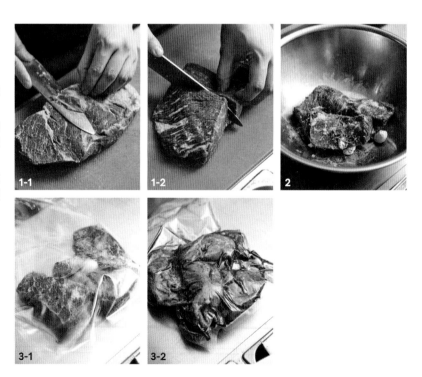

꽈리고추 감자튀김

만들기

1. 180℃로 예열한 식용유에 냉동 감자, 꽈리고추를 넣고 튀긴다.

2. 볼에 ①과 나머지 재료를 모두 넣고 골고루 버무린다.

스테이크

만들기

1. 버터를 두른 팬에 살치살을 넣고 굽는다.

2. 앞뒤로 겉면이 노릇하게 버터를 뿌려가며 굽고 불에서 내려 1분간 레스팅한다.

tip 레스팅은 고기의 외부와 내부의 온도를 맞추는 작업으로, 고기의 두께나 원하는 익힘 정도에 따라 레스팅 시간은 달라질 수 있다.

3. 적당한 두께로 자른다.

마무리

1. 접시에 페퍼 소스 55g과 꽈리고추 감자튀김을 깔아준다.

2. 그라나파다노 치즈를 갈아 뿌린다.

3. 곁들일 케첩과 포션 버터를 놓아 마무리한다.

SPARE RIBS

스페어 립

미국에서는 특별한 날이면 온 가족이 둘러 앉아 오븐에서 갓 나온 스페어 립을 즐겨 먹는데요,
크리스마스를 맞이해 쌤쌤쌤에서도 이 메뉴를 준비해보았어요.
포크만 닿아도 뼈와 살이 분리될 정도로 부드러운 스페어 립과 감칠맛 도는 바비큐 소스,
부드러운 당근 퓌레가 참 잘 어울려요.

재료 1접시 분량

바비큐 소스

케첩	150g
물	60g
디종 머스터드	7g
우스터 소스	3g
갈색 설탕	15g
파프리카 파우더	3g
마늘 파우더(100%)	3g
고운 고춧가루	1g
양파 파우더(100%)	3g
메이플 시럽	15g
물엿	10g
치포틀레 페퍼(라 코스테냐)	12g

스모크 럽

소금	15g
큐어링 솔드	5g
후추	10g
흑설탕	40g
양파 파우더(100%)	10g
훈연 파프리카 파우더	20g
건조 로즈마리	5g
건조 타임	5g
코코아 가루	3g

당근 퓌레*

버터	40g
당근	400g
감자	300g
닭육수(42p)	150g
우유	200g
생크림	50g
소금	4g

기타

당근 퓌레*	224g
스페어 립	5~6대
피스타치오 분태	적당량
파슬리	적당량
올리브오일	적당량

당근 퓌레

만들기

1. 냄비에 버터를 녹인 후 슬라이스한 당근과 감자를 넣고 반쯤 익을 때까지 볶는다.

2. 나머지 재료들을 모두 넣고 뭉개질 정도로 부드러워질 때까지 약불로 1시간 동안 끓인다.

3. 불에서 내린 후 블렌더로 갈아 마무리한다.

SAM Said…

 ### 바비큐 소스 만들기

냄비에 모든 재료를 넣고 끓여 완성해요.

 ### 스모크 럽 만들기

볼에 모든 재료를 넣고 섞어 사용해요.

립

만들기

1. 스페어 립의 근막을 손질한다.

2. 스모크 럽 전량을 앞뒤로 골고루 바른다.

3. 진공 팩에 넣고 수비드 기계에서 68℃의 물로 16시간 동안 익힌다.

4. 바비큐 소스를 골고루 바른 후 180℃로 예열한 오븐에서 15분간 굽는다.

   tip 마무리 과정에서 사용할 바비큐 소스를 남겨둔다.

5. 뼈를 따라 자른다.

마무리

1. 접시에 당근 퓌레를 담고 평평하게 만든다.

2. 스페어 립을 올리고 바비큐 소스를 바른다.

3. 토치로 표면을 그을린다.

4. 피스타치오 분태를 뿌린다.

5. 파슬리를 올리고 올리브오일을 뿌려 마무리한다.

"쌤쌤쌤에서 추천하는
레드와인과 함께 하면 더 맛있게 즐길 수 있어요."

3

BROWNIE

브라우니

식사 후 달콤하게 즐길 수 있는 쌤쌤쌤의 디저트예요. 따뜻한 브라우니와 차가운 아이스크림,
그리고 고소한 피스타치오와 달콤함을 더 극대화시켜주는 말돈 소금이 포인트예요.

재료 높은 1/2 빵팬(39X29X4.5cm) 1개 분량 (20인분)

브라우니		기타	
달걀	9개	아이스크림(바닐라 맛)	1스쿱
황설탕	900g	초코 시럽(Ligo)	적당량
버터	525g	피스타치오 분태	적당량
다크초콜릿	150g	말돈 소금	적당량
중력분	150g	코코아 파우더	적당량
코코아 파우더	150g	레드체리(통조림)	적당량
라즈베리(냉동)	15개		

브라우니

만들기

1. 믹싱볼에 달걀을 넣고 황설탕을 세 번 나눠 넣어가며 휘핑기로 섞는다.
2. 냄비에 버터를 넣고 가열하여 녹여주고 옅은 갈색이 나면 불을 끈다.
3. ②에 다크초콜릿을 넣고 녹인다.
4. ①에 ③을 넣어 섞는다.
5. 중력분, 코코아 파우더를 넣고 휘핑기로 섞는다.
6. 오븐팬에 종이 호일을 깔고 라즈베리를 골고루 뿌린다.
7. ⑤를 ⑥ 위에 붓고 평평하게 정리한 후 170℃로 예열한 오븐에 25분간 굽는다.
8. 구워져 나온 브라우니는 한 김 식힌 후 냉장고에서 차갑게 식혀 가로, 세로 4cm로 자른다.

서빙 & 마무리

1. 180℃로 예열한 오븐에 브라우니를 넣고 5분간 굽는다.
2. 접시에 ①을 올려주고 아이스크림, 초코 시럽, 피스타치오 분태, 말돈 소금, 코코아 파우더, 레드체리 순으로 올려 마무리한다.

쌤쌤쌤 @samsamsam.kr
- 용산 본점 -
서울 용산구 한강대로50길 25 1층
- 롯데월드몰점-
서울 송파구 올림픽로 300 5층